U0159357

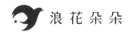

浪花朵朵

IL MONDO SEGRETO DEGLI INSETTI

昆虫的秘密

[意] 马尔科·迪·多梅尼科　著

[意] 劳拉·法内利　绘

秦涯　译

浙江教育出版社·杭州

目 录

引 言 4

第三章

昆虫是怎样
出生并长大的呢?

>>>>><<<<

昆虫是怎样出生的呢? 26
　　并非所有的昆虫都是卵生的! 26
昆虫是怎样发育的呢? 28
　　昆虫的变态 28

第一章

世界上究竟有多
少种昆虫呢?

>>>>><<<<

昆虫主宰世界 8
　　昆虫与其他节肢动物 11
　　昆虫的分类方法 12

第四章

昆虫是怎样
飞行的呢?

>>>>><<<<

昆虫的翅膀 34
　　所有的昆虫都有翅膀吗? 34
　　形态各异的翅膀 36
　　昆虫的飞行方式 39
征服飞行的历程 40
　　从海洋到大陆 40

第二章

昆虫的身体结构
是怎样的呢?

>>>>><<<<

昆虫的外部结构 16
　　3 个体段, 6 条足, 2 个触角 16
　　外骨骼 21
昆虫的内部结构 22

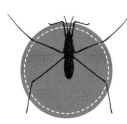

第五章

昆虫是怎样
行走的呢?

>>>>><<<<

昆虫的足 44
　　足的种类与功能 44

第六章

昆虫是怎样
进食的呢?

昆虫的口器 54
 不同类型的口器 54

第七章

昆虫在哪里
生活呢?

沙漠中的昆虫 60
热带雨林中的昆虫 63
温带森林中的昆虫 66
草原上的昆虫 68
土壤中的昆虫 70
洞穴中的昆虫 72
藏在家里的昆虫 73
高海拔地区的昆虫 76

第八章

昆虫的外形
与本领

颜 色 80
 隐秘伪装 81
 危险信号 83
 识别标志 86
声 音 87
光 89
化学武器 90

第九章

社会性
昆虫

有组织的社群 94
 白 蚁 94
 蜜 蜂 97
 蚂 蚁 100

第十章

益虫还是
害虫?

昆虫与人类 104
 物种入侵 105
 致命昆虫 108
 昆虫盟友 108
 人类未来的食物? 109

活 动

这是昆虫吗? 110
捕捉昆虫 112
蜻蜓还是豆娘? 113
池塘中的世界 114
捕捉蚜虫 115

引 言

哪怕这本书不止这100多页，而是1000页，甚至100万页，仍然不足以完整地描绘千姿百态的昆虫世界。英国知名科学家罗伯特·梅（Robert May）曾写道："近似地看，所有动物都是昆虫。"这究竟是什么意思呢？首先，没有任何一个动物群体的种类数量能与昆虫的种类数量相提并论。光是昆虫中鞘翅目的种类数量，就比鸟类、鱼类、哺乳类、爬行类、两栖类、甲壳类和贝类种类数量的总和还多10余万种！其次，罗伯特·梅这句话也许是指昆虫不仅数量庞大，而且彼此相异，它们适应了所有的环境，非常古老且不断进化。

早在恐龙出现之前，昆虫就已经在地球上存在了。在恐龙灭绝后，它们依然存在于这个星球。如今，昆虫的身影遍布陆地、天空、淡水水域，甚至海洋，它们的声音让世界生趣盎然，它们的色彩让世界五彩斑斓。昆虫形态各异，不同昆虫的眼睛、口器、翅膀、足和触角各不相同。昆虫的食性五花八门，它们中有一些成年后甚至几乎不进食！在昆虫这个大门类里，有的昆虫内部结成了类似于人类社会的关系，在这个"社会"里有工人、士兵、护卫、保姆、国王、王后；有的能培育蘑菇，建造像小屋一样的巢穴；有的擅长交流，向同伴示意哪里有危险、哪里有食物；有的是伪装高手，能进行不可思议的变形，发出光和声音；有的甚至深谙植物的特性，能将植物为自己所用……

我们不得不承认，与昆虫相比，我们人类对生态系统的作用是如此渺小。没错，我们发明了文字、农业、计算机，但如果我们突然从地球上消失，地球上的其他生物可能不会受到什么影响——考虑到我们对待这些生物的方式，它们甚至还可能从中受益。相反，如果昆虫灭绝，我们的整个星球很有可能会与它们一起消失。因为与其他动物相比，昆虫对生态系统的作用更大。昆虫体形微小，工作时默默无闻，我们往往没有注意到它们的存在。但昆虫太重要了，它们不仅为花朵授粉，还是许多动物的主要食物，它们可以为我们人类分解有机物，帮助我们处理垃圾。当我们看到一只嗡嗡作响的苍蝇，或者一只在地面上爬行的甲虫时，也应该想到它们的作用。我们要学会欣赏蝴蝶翅膀的美丽，学会赞美蜻蜓飞行的优雅。最重要的是，我们不应该害怕昆虫。

第一章

世界上究竟有
多少种昆虫呢？

昆虫主宰世界

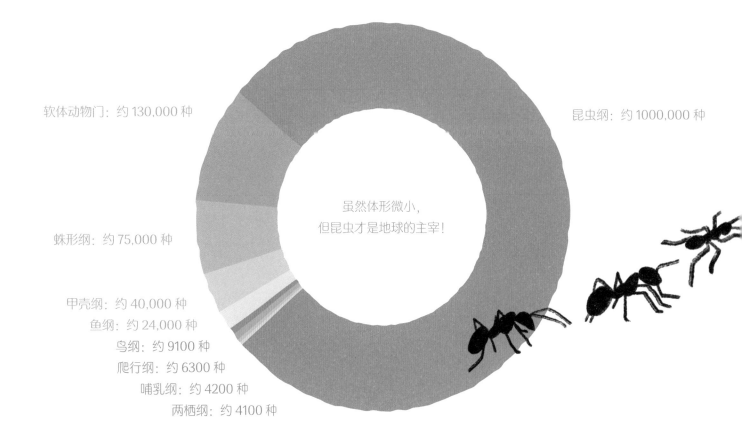

软体动物门：约 130,000 种

昆虫纲：约 1000,000 种

蛛形纲：约 75,000 种

虽然体形微小，
但昆虫才是地球的主宰！

甲壳纲：约 40,000 种
鱼纲：约 24,000 种
鸟纲：约 9100 种
爬行纲：约 6300 种
哺乳纲：约 4200 种
两栖纲：约 4100 种

我们这个星球上究竟有多少种昆虫呢？现今还没有一个准确的数据。目前，地球上已被命名的昆虫有 100 多万种。考虑到每年还会发现数百种全新的昆虫，这个数据还在持续不断地更新！

那么，每种昆虫的个体数量又有多少呢？实际的数据更加令人难以置信：一个白蚁丘中，就可能有多达 300 万只白蚁！当然，没人能说清地球上究竟有多少昆虫，但有些昆虫学家一直致力于测算昆虫的大体数量。根据他们的测算，如果把全世界的昆虫平均分给地球上所有的人，那么每人会有 15 亿只昆虫！

最大质量

有人经过计算后得出这样一个结论：地球上所有蚂蚁的质量比所有人类的质量还要大。如果 1 只蚂蚁的质量不到 5 毫克，那么大约 600 万只蚂蚁的质量才能达到 1 个 9 岁男孩的体重。考虑到所有人类的体重，蚂蚁数量之多可想而知！

昆虫不仅数量众多，分布还很广泛。地球上几乎到处都有昆虫：从天空到洞穴，从房屋到森林，从沙漠到淡水水域，从冰川到海滩，从草原到地下，昆虫几乎存在于所有地方。由于昆虫适应能力极强，它们在漫长的进化历程中学会了在最极端和最不宜居的环境下生活，比如盐湖、原油池、温泉等。部分昆虫靠其他生物为生，植物、动物甚至人类都可能会被昆虫寄生！

昆虫成功的秘诀

体形：大多数昆虫的体形很小。它们能充分利用可用的资源，适应不同的环境，并且互不打扰。在一棵树上，可以同时生活着数百种昆虫！

生殖：1只飞蛾一生可以产数百个卵；1只苍蝇一生中可以产1000多个卵；1只白蚁蚁后一生可以产数百万个卵（每天可以产数百个卵）。许多昆虫的生长繁殖速度非常快，这也是它们为数众多的原因之一。

翅膀：昆虫是唯一会飞的无脊椎动物。它们也是最早学会飞行的动物！飞行可以让它们获取更多的食物，更顺利地逃离掠食者的追捕，以及在更远的地方生长繁殖。

科学分类

为了能在物种繁多的自然界中不至于迷失，科学家发明了一种根据生命体的特征来对它们进行分类的方法——科学分类法。

我们可以把每个类别想象成一个盒子，大盒子里装着一个小盒子：最大的盒子是"界"，最小的盒子是"种"。"界"包含着"门"，每个"门"下面有许多"纲"，每个"纲"中有许多"目"，每个"目"中有许多"科"，等等。以下是一些例子：

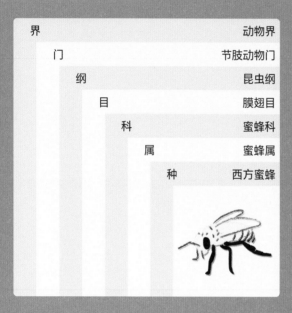

界	动物界
门	节肢动物门
纲	昆虫纲
目	膜翅目
科	蜜蜂科
属	蜜蜂属
种	西方蜜蜂

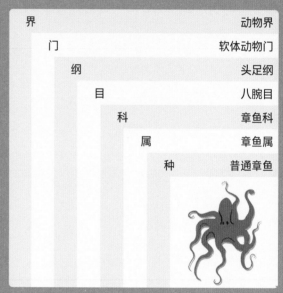

界	动物界
门	软体动物门
纲	头足纲
目	八腕目
科	章鱼科
属	章鱼属
种	普通章鱼

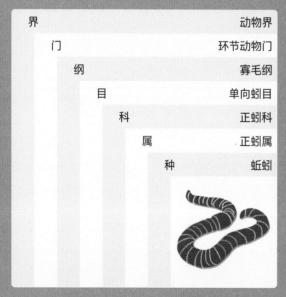

界	动物界
门	环节动物门
纲	寡毛纲
目	单向蚓目
科	正蚓科
属	正蚓属
种	蚯蚓

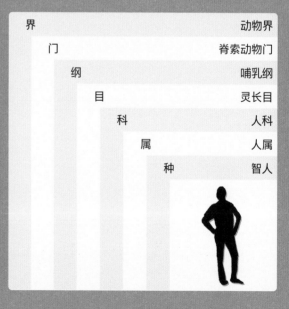

界	动物界
门	脊索动物门
纲	哺乳纲
目	灵长目
科	人科
属	人属
种	智人

昆虫与其他节肢动物

　　节肢动物由许多体节构成，体表多有外骨骼。昆虫纲就从属于节肢动物门。节肢动物是地球上最大的动物类群。它们随处可见，形态各异，生活习性也各有不同。

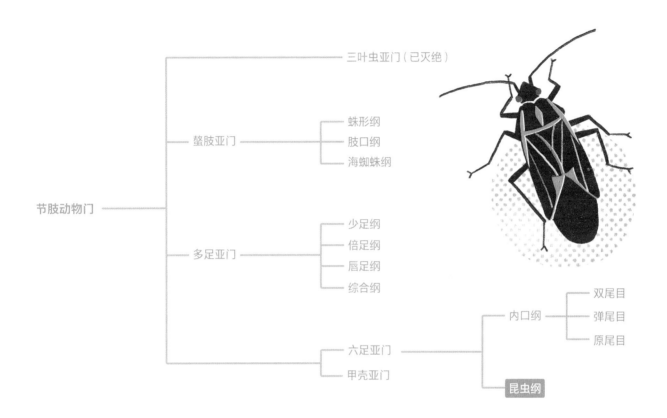

三叶虫亚门　三叶虫从属于节肢动物门。大约 2.5 亿年前，这种海洋生物就已灭绝。

螯肢亚门　螯肢亚门涵盖了约 8 万种动物，包括蜘蛛、蜱虫、螨虫、蝎子、鲎、海蜘蛛，等等。螯肢是动物头部第一对附肢，多呈钳状，部分螯肢动物（如蜘蛛）的口器附近的螯肢内有毒腺，能向猎物体内注射毒液。

多足亚门　多足亚门覆盖了 1.2 万种动物。多足类动物的体节从十几个到几百个不等，是体节最多的节肢动物。它们像昆虫一样有 1 对触角，很容易辨认。多足类动物的每 1 体节对应 1 对足（如蜈蚣）或 2 对足（如马陆）。有些多足类动物具有毒性，如蜈蚣。

甲壳亚门　昆虫主要占据陆地和淡水水域，甲壳类动物主要占据海洋。而甲壳类动物的数量占所有海洋动物数量的 1/6，包括螃蟹、龙虾、螯虾等。此外，甲壳类动物中还有一些为陆生，如潮虫、鼠妇。

昆虫的分类方法

对一个拥有 100 多万个物种的动物类群进行分类绝非易事。不过昆虫学家还是将昆虫纲进一步分为了 2 个亚纲：无翅亚纲和有翅亚纲。

无翅亚纲只包含 2 目：石蛃目和衣鱼目。有翅亚纲则细分为 2 大类：外生翅类与内生翅类，其下分别有 14 目与 11 目。

是不是有些复杂？别担心，接下来几章，我们将系统地介绍昆虫的生命形式及其生命规律。在下页的表格中，你会看到详细的昆虫分类信息，表格右侧数字表示迄今为止发现的物种数量。事实上，科学家每年都会发现数百个新的昆虫物种。而且，谁也不知道究竟有多少种昆虫在被发现之前就已经灭绝了。所以，昆虫的真实种类数量仍旧是个谜！

昆虫的分类

无翅亚纲

目	代表昆虫	全世界的种类数量	意大利的种类数量
衣鱼目	衣鱼	600	19
石蛃目	石蛃	350	47

有翅亚纲

外生翅类

目	代表昆虫	全世界的种类数量	意大利的种类数量
蜉蝣目	蜉蝣	2000	94
蜻蜓目	蜻蜓、豆娘	5300	88
襀翅目	石蝇	2000	144
蛩蠊目	蛩蠊	25	0
直翅目	蟋蟀、蝗虫、蝼蛄、螽斯	20,000	333
竹节虫目（螂目）	竹节虫、叶螂	2700	8
革翅目	蠼螋	1200	22
纺足目	丝蚁	300	5
蜚蠊目	蟑螂、地鳖、白蚁	7100	42
螳螂目	螳螂	2000	12
缺翅目	缺翅虫	30	0
啮虫目	书虱、啮虫	5100	369
缨翅目	蓟马	5000	214
半翅目	蝽、蝉、蚜虫、介壳虫	100,000	3523

内生翅类

目	代表昆虫	全世界的种类数量	意大利的种类数量
脉翅目	蝶角蛉、草蛉、蚁蛉、螳蛉	54,000	177
鞘翅目	金龟子、天牛、瓢虫	360,000	12,005
捻翅目	捻翅虫	400	21
长翅目	蝎蛉	500	10
蚤目	跳蚤	2500	81
双翅目	苍蝇、蚊子、虻、蠓	145,000	6601
鳞翅目	蝴蝶、飞蛾	150,000	5086
毛翅目	石蛾	7000	367
膜翅目	蜜蜂、胡蜂、蚂蚁	120,000	7509
广翅目	齿蛉、泥蛉	300	未知
蛇蛉目	蛇蛉	230	未知

第二章

昆虫的身体结构是怎样的呢？

昆虫的外部结构

3 个体段，6 条足，2 个触角

像其他节肢动物一样，昆虫的身体是分节的，由坚硬的外骨骼包裹。成虫的身体通常分为 3 个体段（头部、胸部、腹部）、6 条足和 2 个触角。

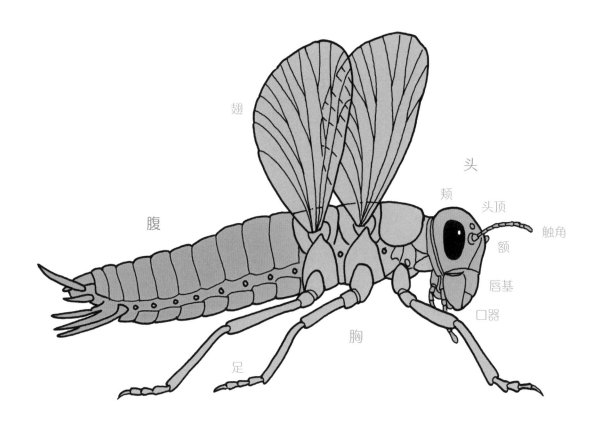

1. 头部

昆虫的头壳类似于一个坚硬的盒子，由头顶、颊、额和唇基 4 个主要部分组成。除头壳外，昆虫的头部还有口器、触角、眼睛等重要器官。

口器　口器位于唇基的下方，由上唇、1 对颊、1 对颚和下唇构成。颚与下唇也分别有 1 对附属的触须，用于品尝和控制食物。昆虫口器的种类多样：如蝴蝶用来吸食花蜜的虹吸式口器，蚊子用来刺穿人类皮肤的刺吸式口器，苍蝇的舐吸式口器，蝗虫的咀嚼式口器，等等。

脱掉"铠甲"

可以把昆虫的外骨骼看作一副"铠甲"。由于它很坚硬，无法随着昆虫体形变化而变化，因而昆虫时常需要更换"铠甲"。每当体形变大时，昆虫就会脱掉身上老旧的"铠甲"，长出全新的"铠甲"。

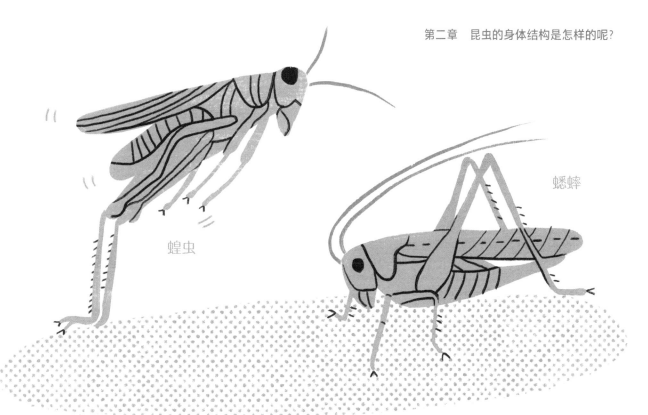

蟋蟀

蝗虫

触角　所有昆虫都有1对触角，其形状大小各不相同。触角还可以分为更小的节，有的少于5节，有的多达几百节。

　　昆虫的触角有什么用呢？它们是重要的感觉器官！事实上，昆虫没有鼻子，但在触角上有数百万个感受器（有些昆虫的感受器是在足和唇须上）。这些感受器可以帮助它们寻找食物和伴侣，确定掠食者的方位。

关注触角的形状

如何轻松区分蟋蟀和蝗虫？最快的区分方式不是按颜色或形状，而是触角。如果触角短且呈棒状，就是蝗虫；如果触角像头发一样细长，就是蟋蟀。

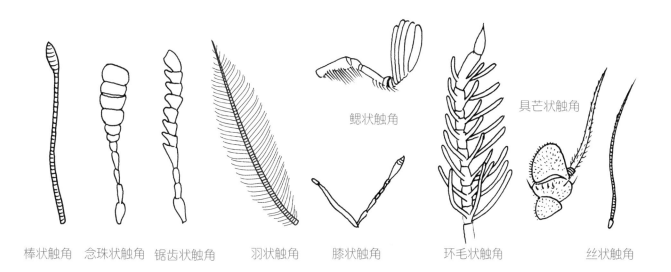

鳃状触角

具芒状触角

棒状触角　　念珠状触角　　锯齿状触角　　羽状触角　　膝状触角　　环毛状触角　　丝状触角

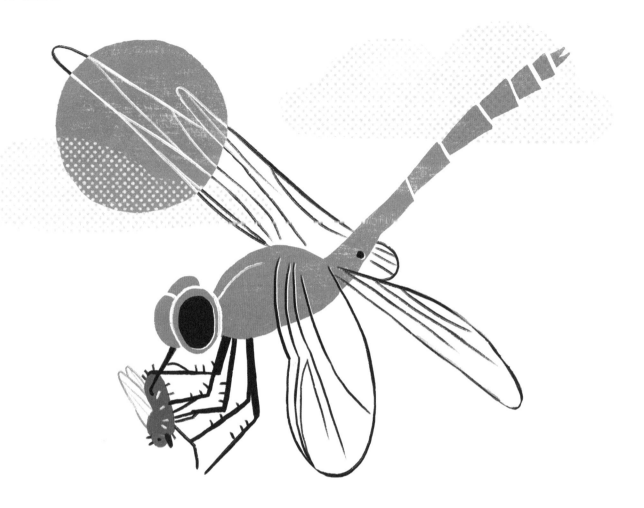

眼睛 昆虫的眼睛位于触角附近，分为2种类型：单眼和复眼。单眼又可分为背单眼和侧单眼两种。科学家常常根据昆虫单眼的数目和位置对其进行分类。

复眼由许多小眼组成。不同种类的昆虫，其小眼的数量也各不相同。例如，蜻蜓可以有多达2万只小眼！

昆虫是怎样看世界的呢？

昆虫的单眼主要用于感知光线的强度和方向，复眼则让它们拥有更加完整的视觉图像。实际上，昆虫的每只小眼只能看到周围事物的1个像点，它们看到的是多个像点拼接在一起的马赛克画面。成年蜻蜓利用出色的视力在飞行中捕捉猎物，所以它们的眼睛占据了头部的绝大部分；而蚂蚁主要凭借气味辨认方向，所以眼睛非常小；至于那些生活在洞穴或地下的昆虫，它们甚至可能没有眼睛！

单眼   复眼

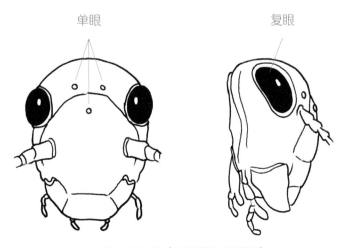

蝗虫的头部（正视图与侧视图）

2. 胸部

昆虫的胸部可以划分为3个体节。第1个体节被称为前胸,第2个体节和第3个体节分别被称为中胸和后胸,每个体节都携带1对足。此外,大多数有翅昆虫的中胸和后胸各携带1对翅膀。

翅膀 昆虫的翅膀通常有2对,共4只。翅膀是血淋巴(昆虫的血液)流经的器官;翅脉清晰可见,形成翅膀的支架,使其具有强度和弹性。翅膀有助于昆虫学家了解昆虫之间的亲属关系。

然而,并非所有昆虫都有翅膀。白蚁、蚂蚁种群中的工蚁,还有某些雌性蟑螂就没有翅膀。有些原始昆虫从未发育出翅膀,如衣鱼;有些昆虫则在进化过程中逐渐失去了翅膀,如跳蚤。

多用的翅膀

昆虫的翅膀不仅用于飞行。鞘翅目昆虫多用翅膀保护腹部;蟋蟀和蝗虫则会用翅膀发声;蝴蝶则让翅膀成了艺术品(蝴蝶的翅膀五颜六色,由数以万计的小鳞片构成,可用于交流和伪装,以及震慑掠食者)。

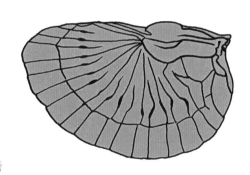

革翅目昆虫的后翅

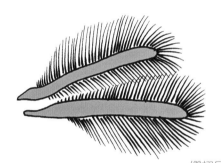

缨翅目昆虫的翅膀

足 昆虫通常有3对足,主要用于走或跑。并且其中1对或多对足会根据物种对其生活环境的适应呈现出特定的形状。有些昆虫的足可用来捕猎、挖掘、跳跃、攀附,甚至游泳!

当然,也存在例外的情况。有一些昆虫在幼体阶段没有足;还有一些昆虫,如蝴蝶的幼虫,拥有3对足外还拥有腹足,腹足也被叫作"伪足"。

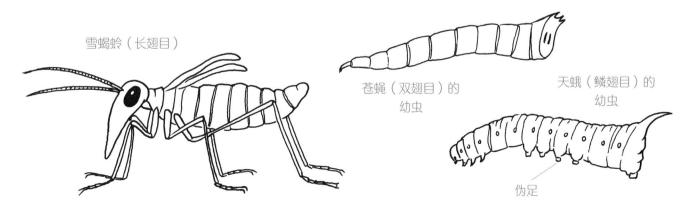

雪蝎蛉(长翅目)

苍蝇(双翅目)的幼虫

天蛾(鳞翅目)的幼虫

伪足

3. 腹部

　　腹部是昆虫身体的第 3 个体段, 通常也是最大的一个体段, 一般分为 9 个或 10 个腹节。这些腹节或彼此融合、十分坚硬, 或灵活舒展、如手风琴一般。许多雌性昆虫的腹部末端有一个产卵器, 这使得它们可以在土壤中、植物组织中, 甚至其他昆虫体内产卵。有一些比较低等的昆虫还有腹部附属器官, 比如尾须 —— 这种器官不仅能让这些昆虫感知外部世界, 同时还拥有其他功能。

雌性器官

雌性昆虫的产卵器可以很长 (如某些蟋蟀), 也可以很小 (如蜻蜓)。蜜蜂和胡蜂的蜂针就是由产卵器转化而来的。因此, 只有雌蜂才会蜇人!

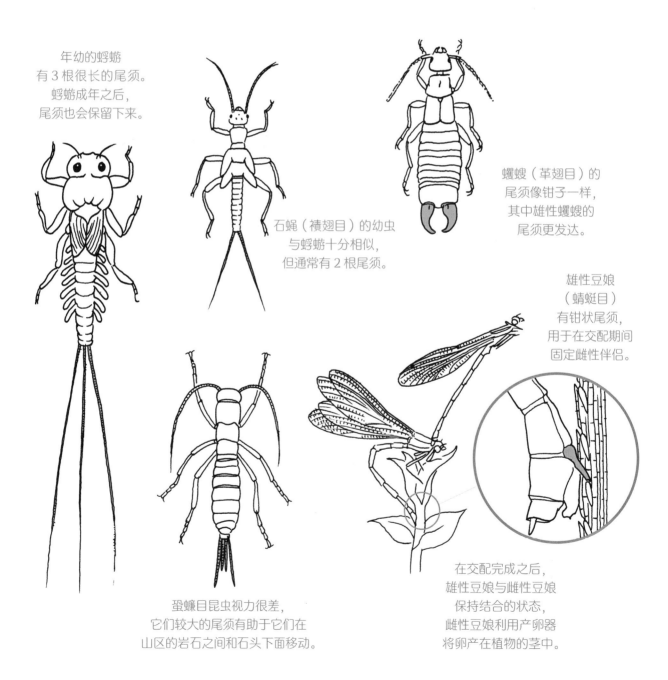

年幼的蜉蝣有 3 根很长的尾须。蜉蝣成年之后, 尾须也会保留下来。

石蝇 (襀翅目) 的幼虫与蜉蝣十分相似, 但通常有 2 根尾须。

蠼螋 (革翅目) 的尾须像钳子一样, 其中雄性蠼螋的尾须更发达。

雄性豆娘 (蜻蜓目) 有钳状尾须, 用于在交配期间固定雌性伴侣。

蛃蠊目昆虫视力很差, 它们较大的尾须有助于它们在山区的岩石之间和石头下面移动。

在交配完成之后, 雄性豆娘与雌性豆娘保持结合的状态, 雌性豆娘利用产卵器将卵产在植物的茎中。

外骨骼

　　与所有节肢动物一样，昆虫拥有坚硬的外骨骼，也称角质层，将昆虫内部的柔软部分包裹起来。外骨骼由蛋白质、几丁质以及其他物质（如脂类）构成。组成昆虫身体的各个体节都非常坚硬，但每个体节之间相互连接的角质层则较为柔软且富有弹性。昆虫的外骨骼上有着数目很多的棘刺、刚毛、腺体、沟缝和其他具有特定功能的小结构。它们通常非常微小，只有在显微镜下才能捕捉到。

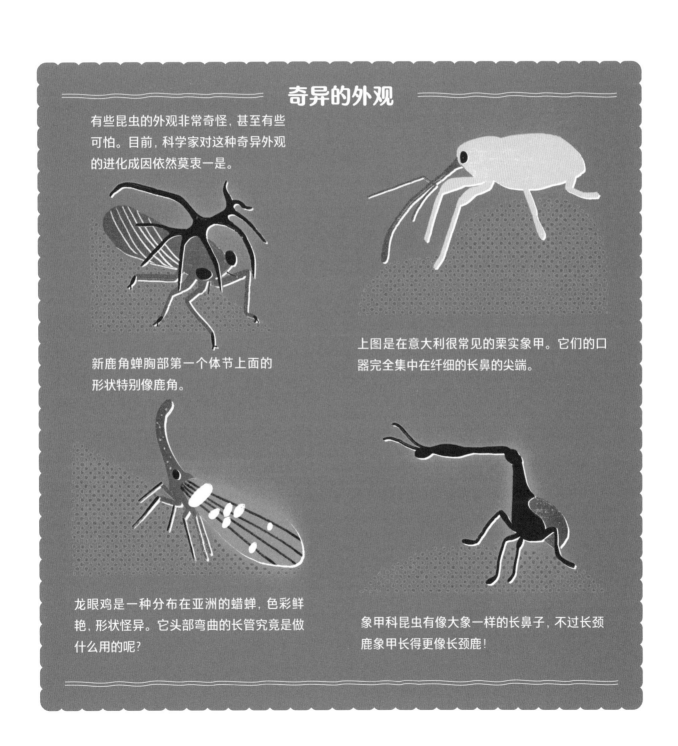

奇异的外观

有些昆虫的外观非常奇怪，甚至有些可怕。目前，科学家对这种奇异外观的进化成因依然莫衷一是。

新鹿角蝉胸部第一个体节上面的形状特别像鹿角。

上图是在意大利很常见的栗实象甲。它们的口器完全集中在纤细的长鼻的尖端。

龙眼鸡是一种分布在亚洲的蜡蝉，色彩鲜艳，形状怪异。它头部弯曲的长管究竟是做什么用的呢？

象甲科昆虫有像大象一样的长鼻子，不过长颈鹿象甲长得更像长颈鹿！

昆虫的内部结构

　　尽管昆虫的外形和行为与我们人类完全不同，但它们的身体具备与我们人类相同的维持生命所必需的功能。即使体形微小的昆虫，身上也拥有用于消化、呼吸、移动和繁殖的器官。想象一下，上述器官在跳蚤和蚂蚁身上都有！

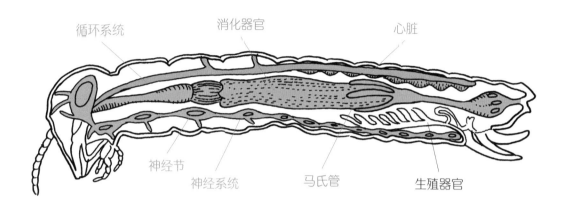

　　昆虫有心脏吗？ 昆虫的心脏是管状的，与其他器官一道分布在腹部。在肌肉的推动下，血淋巴通过一个较小的管子（主动脉），流向胸部和头部，然后流到全身。昆虫的血淋巴和我们的血液一样，携带氨基酸、蛋白质、矿物盐、激素、糖和脂肪。许多昆虫的血淋巴还含有对掠食者有害的物质。

　　昆虫会排泄吗？ 当昆虫进食时，食物会通过昆虫体内的一条管道。这条管道从昆虫口部一直延伸至肛门处。在这条管道内部，食物被打湿、累积、粉碎、消化。昆虫负责排泄废物和渗透调节的器官被称为马氏管[1]，功能与我们的肾脏类似，能过滤血淋巴，重新吸收排泄物中的水分，这也是沙漠地区的昆虫赖以生存的基本功能。

　　不同种类的昆虫以自然界中的不同有机物质为食。例如，白蚁以木材为食，因为白蚁肠道中的微生物能将木材转化为营养物质。

　　昆虫有大脑吗？ 昆虫没有真正的大脑，所谓的脑部是不同的神经细胞簇，即神经节，分布在昆虫的头部、胸部和腹部。它们的功能是协调并发出对外部所有刺激的反应。头部的神经节控制昆虫的眼睛、触角、口器，而胸部和腹部的神经节则控制足、翅膀、内脏。

昆虫的类脑结构

昆虫没有真正的大脑，即使没有头部，也能继续存活一段时间。所以，别再费心寻找昆虫的大脑啦！

1　一些节肢动物的主要排泄器官，因系意大利解剖学家马尔皮基发现而得名。——译者注

昆虫有肌肉吗? 人类和其他脊椎动物一样,身体有骨骼作支撑,骨骼被肌肉所覆盖,而肌肉又塑造了我们的形体。相反,昆虫的肌肉是看不见的,就像被封闭在盒子里一样被包裹在外骨骼内。昆虫的肌肉由肌纤维组成,在神经系统的指挥下伸缩自如,使身体不同部位都能正常运动。

昆虫是如何呼吸的呢? 昆虫没有肺部,但在胸部和腹部有小孔,即气门。氧气从气门直接进入躯体,然后通过遍布全身的微小气管输送至全身。

昆虫是如何发育的呢? 昆虫的生命周期被激素所控制。激素调节了昆虫的生长、发育、行为。事实上,在达到成年阶段以及外骨骼变得坚硬之前,昆虫会经历一系列"蜕皮"和"变态"。有些昆虫在幼年期的外形与在成年期的外形相差不大,有些昆虫的外形则会在成年期彻底改变。

呼吸的力量

昆虫的呼吸频率快,呼吸动作有力,使得昆虫全身的肌肉都能得到充分的锻炼,这是只有小型动物才能做到的,而这也是昆虫体形虽小却能存活的一大原因。

第三章

昆虫是怎样出生并长大的呢？

⟫⟫⟫⟩⟨⟨

昆虫是怎样出生的呢?

并非所有的昆虫都是卵生的!

多数昆虫分雌雄两性,卵生,即雄性个体和雌性个体交配,而后由雌性产卵,卵会发育为新的生命体——胚胎。

不过,并非所有昆虫都以这种方式繁殖。比如,有些昆虫是通过孤雌生殖的形式来进行繁殖的,即雌性不与雄性交配,独自产卵,而卵虽然未经受精,却仍然可以发育!

还有一些物种则是胎生的,比如某些苍蝇。它们不产卵,而是直接生出已经发育的幼虫。

苍蝇的乳汁 某些蝇类一出生就是幼虫形态,它们能最大限度地利用食物资源,缩短生命周期。

一些虱蝇科昆虫(如马虱蝇)则将这种能力发挥得淋漓尽致。这些昆虫的幼虫从卵中孵化出来后会寄居在母体内,以母体分泌的类似于乳汁的液体为食,直到幼体接近化蛹时被产出体外,而刚产出的幼虫不久便会化蛹。一旦幼虫破蛹而出,就完成了"变态"。这种昆虫的母体每次只能孕育出一个蛹。

蟑螂妈妈 雌性蟑螂不会直接产卵,而是将它们放在卵鞘中。卵鞘是一个形如豆荚的结构。有些蟑螂妈妈非常尽心尽责,当小蟑螂从卵中孵化出来时,这些蟑螂妈妈会继续照顾和保护它们。

安全的卵

卵鞘的主要功能是在卵发育过程中保护它们。每个卵鞘可以装下 30 多个卵!螳螂是蟑螂的近亲,也有卵鞘,后者通常附着在树干或岩石上。

独立的雌性昆虫　大部分竹节虫都采用孤雌生殖的方式繁衍后代。这种情况下，竹节虫产下的卵，会直接发育成雌性若虫。比如，意大利有一种常见的竹节虫，在意大利北部这种竹节虫没有雄性，雌性依靠孤雌生殖的方式孕育后代。然而，在意大利南方，这种竹节虫却有雌雄之分，通过有性生殖繁衍生息。最不可思议的是，如果在实验室里将雄性和原本采用孤雌生殖方式的雌性放在一起，也可以实现交配；如果非孤雌生殖的雌性与雄性隔离，也可以用孤雌生殖的方式孕育下一代！

蜂王的卵

孤雌生殖的现象也存在于群居性昆虫中。例如，黄蜂的蜂王只交配1次，但其一生都会持续产卵。雌性黄蜂诞生于受精卵，而雄性则从未受精的卵中诞生。雄性黄蜂的唯一任务是与蜂王交配。通常在与蜂王交配后，雄性黄蜂就会死去。

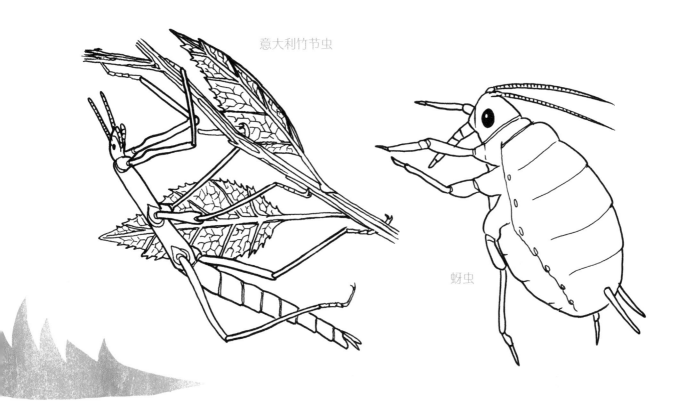

意大利竹节虫

蚜虫

蚜虫的生殖　蚜虫的孤雌生殖有明显的季节性。从春天到夏天，雌性蚜虫会持续生下一批雌性若虫；秋天后，奇怪的事情发生了——雌性蚜虫会生下一批雄性蚜虫，并与其他雄性蚜虫交配并产卵。到第二年，卵里会孵化出新的雌性蚜虫，而新的雌性蚜虫又会开始新的季节性的孤雌生殖。

蚜虫群

每年5月，我们在玫瑰或其他植物上看到的蚜虫群实际上是由一个成年雌性蚜虫和它的女儿们（数百个年龄各异的雌性蚜虫）组成的。

昆虫是怎样发育的呢？

昆虫的变态

　　根据发育方式，昆虫主要分为两大类：完全变态昆虫和不完全变态昆虫[1]。提到昆虫变态，人们马上会想到毛虫变为蝴蝶，但这并不是昆虫变态的唯一案例。经历相似变态过程的还有飞蛾、苍蝇、蚊子、蚋、蜜蜂、蚂蚁、黄蜂、甲虫等。在已知的近 100 万种昆虫中，大约有 70 万种属于完全变态昆虫。

完全变态　如果仔细观察一只飞蛾，你会发现它的身上并没有一只毛虫的影子，而是一种与之完全不同的昆虫。当毛虫经过一系列蜕皮，就会变成蛹。在蛹内，昆虫原本的组织会溶解重组，重新组成全新的细胞群，并在不久的将来形成飞蛾的器官。在某些激素的作用下，这些在毛虫的生命中处于隐藏状态的器官会被激活，并逐渐发育成熟。慢慢地，飞蛾逐渐成形并做好破蛹而出、展翅飞翔的准备。

间接发育

飞蛾、蝴蝶、黄蜂等昆虫都是完全变态的昆虫。它们的发育是间接的，因为在幼虫阶段和最终的成虫阶段之间会有一个过渡阶段——蛹。

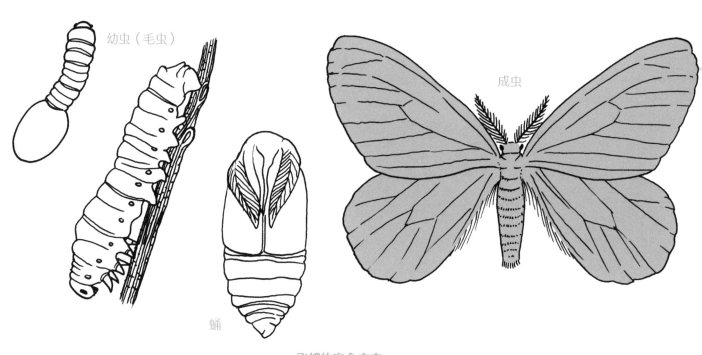

幼虫（毛虫）

成虫

蛹

飞蛾的完全变态

1　完全变态昆虫的幼体被称为"幼虫"；不完全变态昆虫的幼体被称为"若虫"或"稚虫"，其中渐变态昆虫的幼虫是"若虫"，半变态、原变态昆虫的幼体被称为"稚虫"。——译者注

不完全变态 蜻蜓、蟋蟀、蝗虫、蟑螂、螳螂、白蚁和许多其他不完全变态昆虫不会经历明显的变态过程。

不完全变态昆虫的幼体并非幼虫,而是若虫或稚虫。与幼虫不同,若虫或稚虫已经与其成虫有些相似。不完全变态昆虫的变态过程各不相同。比如,蜉蝣在长出翅膀后会发生第二次蜕皮;蜻蜓有水生的稚虫阶段和会飞的成虫阶段;蟋蟀、蝗虫、蟑螂只在成虫阶段才会长出翅膀。

直接发育

不完全变态昆虫的发育方式都是直接发育。它们在幼体的最后一个阶段通过蜕皮直接过渡到成虫阶段,不会经历完全变态。比如蝉的若虫就不是从卵孵化而来的,而是由前若虫变化而来的。蝉在前若虫期还未出现翅膀的雏形。

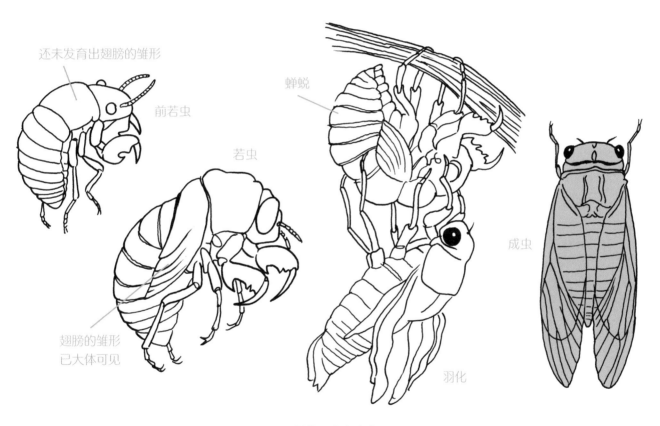

还未发育出翅膀的雏形

前若虫

若虫

蝉蜕

成虫

翅膀的雏形
已大体可见

羽化

蝉的不完全变态

不完全变态与完全变态的比较 以不完全变态的蝉为例,它的若虫已长出翅膀、触角、与成虫一样的足(除前足外)。当若虫羽化时,它的身体虽然蜷曲,但十分完整,已经显现出成虫的特征,时刻准备着伸展翅膀,挣脱之前外骨骼的残骸。整个羽化过程不超过半小时。

而完全变态的飞蛾则不同,它的幼虫在蛹内的变化十分缓慢,通常经历几个星期。在蛹内,幼虫的组织会解离,成虫的组织会产生,并且发育出新的口器、足、内部器官,之前的伪足会消失,翅膀、触角、生殖系统会不断显现出来,慢慢形成一个完全不同于以前幼虫形态的成虫。这才是名副其实的完全变态!

戴着"面罩"的稚虫 水虿（蜻蜓的稚虫）拥有与众不同的口器。它的下唇类似一种臂状物，带有两个可以活动的钩子（唇须），可以延伸和折叠。水虿的下唇折叠时，脸部会被盖住，这就是它的下唇被称为"面罩"的原因。如果有很小的昆虫从水虿面前经过，水虿的唇须就会抓住它，而臂状的下唇就会伸出，并折叠起来，将这个猎物带进口器内，以便水虿将其吞噬。这一切都在 1/10 秒内完成！

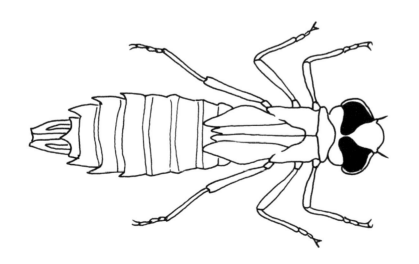

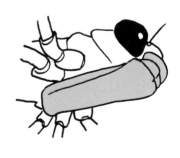

水虿的体形很大，体格健壮，有一个可伸展的下唇，被称为"面罩"。

伪足　蝴蝶、飞蛾,以及某些黄蜂的幼虫和蝎蛉的幼虫,除正常的 3 对足以外,腹部还有几对伪足。伪足不是真正的足,但功能却与真正的足相同:伪足有爪,可以帮助毛虫行走,并附着在叶子和树枝上。幼虫经过变态后,这些伪足会完全消失。

　　某些黄蜂的幼虫与蝴蝶的幼虫非常相似:同样以叶子为食。人们可以通过观察伪足的数量来快速识别究竟是蝴蝶还是黄蜂的幼虫——如果幼虫的伪足超过 5 对,那么这条幼虫肯定是黄蜂的幼虫!

变态的动物

除昆虫外,还有许多动物的体形也会在生命进程中发生变化,如两栖动物、几乎所有的海洋无脊椎动物,以及众多鱼类和寄生虫。可以说,在自然界中,动物的变态十分常见。

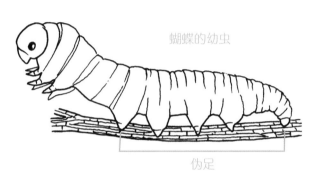

蝴蝶的幼虫

伪足

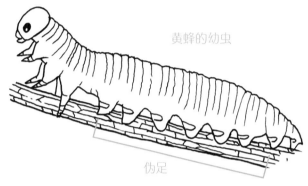

黄蜂的幼虫

伪足

蜕 皮

　　昆虫生长时,就像蛇一样会发生蜕皮,通过蜕皮让旧的外骨骼脱落下来。蜕下的皮被称为"蜕"。
　　春天,在水生植物的茎上可以看到蜻蜓稚虫的蜕;夏天,在树干上则可以看到蝉蜕。

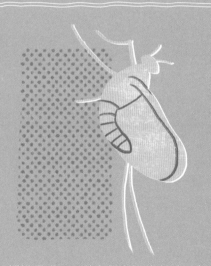

　　蜉蝣是唯一一种在长出翅膀之后还会再次蜕皮的昆虫。春夏两季,在墙壁和树上,都可以找到蜉蝣的蜕。与其他昆虫不同,蜉蝣的蜕上还会有翅膀!

第四章

昆虫是怎样
飞行的呢？

昆虫的翅膀

所有的昆虫都有翅膀吗？

　　根据最新的分类方法，只有衣鱼目和石蛃目昆虫没有翅膀，属于无翅亚纲。其他目的昆虫即使在成虫阶段没有翅膀，也被划分在有翅亚纲中。那么，无翅亚纲昆虫和有翅亚纲昆虫有什么区别呢？区别在于，无翅亚纲昆虫在任何发育阶段都没有翅膀，它们的祖先也没有翅膀；有翅亚纲昆虫通常具有翅膀，但也有些并没有翅膀，如竹节虫、跳蚤、虱子、白蚁等，它们都是从有翅膀的物种进化而来的，只不过它们的翅膀在进化过程中逐渐退化了。

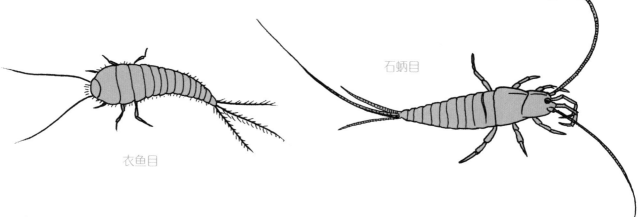

石蛃目

衣鱼目

无翅亚纲　衣鱼目昆虫在家中十分常见。它们的身体呈银白色，触角很长，腹部末端有 3 条细长的尾须，移动速度很快。在晚上的厨房或屋子的温暖角落里，都能找到它们的踪迹。它们大多以植物为食，也可以消化纤维素类物质（如纸张）以及某些类型的胶水。

　　石蛃目昆虫生活在石头下。石蛃目昆虫如果受到打扰，像鞭子一样的尾须就会推动它们向前跳跃。还有一些石蛃目昆虫生活在白蚁丘中，有些甚至生活在冰川上。

不会飞的寄生虫

- - - - - - - - - -

许多有翅亚纲类的昆虫是从有翅膀的昆虫进化而来的，但在进化过程中逐渐失去翅膀，比如跳蚤、虱子等寄生虫。它们寄宿在动物或植物身上，并能自由运动。

- - - - - - - - - -

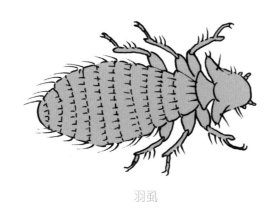

羽虱

头虱

隐藏的翅膀　尽管下面所列举的昆虫,其外表不像有翅膀的昆虫,但都被归为有翅昆虫。事实上,有翅亚纲根据翅膀的发育情况还可以进一步分为两个类别:外生翅类昆虫和内生翅类昆虫(参见本书第 13 页表格)。

外生翅类昆虫是最原始的有翅昆虫。其中的蜉、蜻蜓、蝗虫、蟑螂都经历过不完全变态,并且其幼体已经具有外部翅膀的雏形。

而瓢虫、金龟子、苍蝇、蝴蝶、飞蛾、蜜蜂、黄蜂等内生翅类昆虫进化的程度更高,经历了完全变态。它们的翅膀早在蛹期就已存在于幼虫体内的组织中,但从身体外部看不出。如果我们能看到幼虫身体内部结构的话,可发现在蛹期的幼体会经历一系列复杂的变态,并最终长出翅膀。

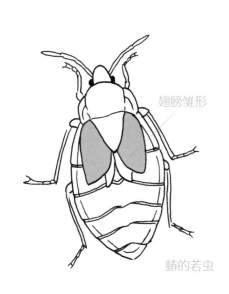

翅膀雏形

蜉的若虫

金龟子的幼虫

天蛾的幼虫

形态各异的翅膀

　　昆虫通常有 2 对翅膀，分别位于中胸和后胸，但也有例外。很多昆虫完全没有翅膀，也有许多昆虫只有 1 对翅膀，其原有的另一对翅膀已经转化，行使飞行以外的功能。还有一些昆虫的翅膀只存在于雄性个体身上，或是仅存在于特定的发育阶段。

蚁蛉

蜜蜂

苍蝇

螳螂

金龟子

蜉蝣

书虱

黄边胡蜂

蟑

双翅目昆虫的平衡棒　苍蝇、蚊子、沼大蚊、牛虻和蠓都只有1对前翅。事实上，双翅目昆虫的后翅已经转化成了小小的平衡棒，帮助它们在飞行过程中保持平衡。

鞘翅目昆虫的鞘翅　鞘翅目昆虫的前翅非常结实，这也是鞘翅这一名称的由来。鞘翅并不用来飞行，而用来保护昆虫的腹部。在其重量的影响下，一些鞘翅目昆虫（如瓢虫）的飞行速度缓慢；另一些鞘翅目昆虫（如一些步甲、虎甲）则完全失去了飞行能力，鞘翅与身体早已融为一体。

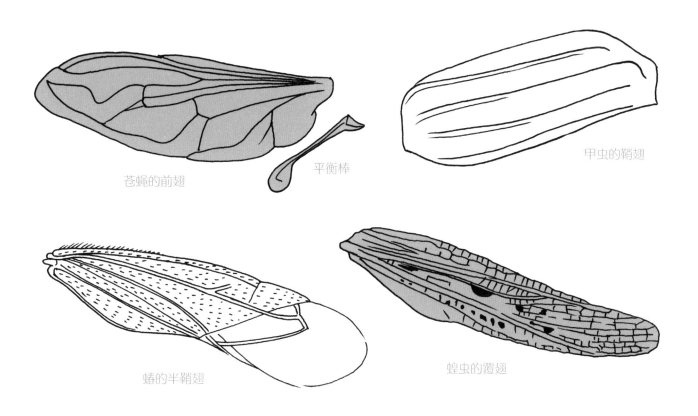

苍蝇的前翅　平衡棒　　　　　　甲虫的鞘翅

蝽的半鞘翅　　　　　　　蝗虫的覆翅

半翅目昆虫的半鞘翅　常见的半翅目昆虫（如蝽），其翅膀的前半部分是硬化的，后半部分是膜状的。这种翅膀既可以用来飞行，又可以保护身体。

直翅目昆虫的覆翅　许多蟋蟀和蝗虫的前翅都演变成了坚硬牢固的翅膀，即覆翅，用于保护后翅。当这些昆虫飞行时，它们会跳跃并打开覆翅，同时折叠膜质后翅，然后起飞。螳螂和蟑螂是蟋蟀的近亲，因此也有非常相似的覆翅。

用来发声的覆翅

雄性蟋蟀身上的覆翅也用于发声。每逢夏夜，它们会将覆翅相互摩擦，发出窸窸窣窣的声音。此外，蝗虫会通过后足摩擦覆翅发声（参见本书第87页）。

蜻蜓目昆虫的透明翅膀　蜻蜓、豆娘都拥有宽大透明的翅膀，由密集的翅脉支撑着。在接近翅尖的地方，有一个叫翅痣的斑点，其功能尚不明确，或许是用于平衡，又或许是用来交流。如果将蜻蜓的翅膀放在显微镜下观察，我们会发现它并不像看起来那么光滑，而是布满了成千上万的翅脉。这些翅脉可以帮助蜻蜓在翅膀周围形成一层静止的空气，减少空气摩擦，让飞行更加顺利。

老练的飞行员

蜻蜓可以像直升机一样向后飞行或在空中悬停。除蜻蜓外，还有某些种类的苍蝇能做到这一点。

翅痣

蜻蜓的前翅

蝴蝶的翅膀

鳞翅目昆虫的彩色翅膀　实际上，蝴蝶和飞蛾的翅膀与苍蝇、蜻蜓的翅膀一样都是透明的，但上面却覆盖着数以万计的、像屋顶的瓦片一样排列开来的各色鳞片。除了形成美丽的图案，这些鳞片还可以感知气压，从而影响飞行。

昆虫的飞行方式

　　昆虫的翅膀十分结实，它们的飞行系统如同一个杠杆系统：当用于飞行的肌肉收缩时，胸腔受到挤压，翅膀抬起；当肌肉伸展时，胸部会展开，翅膀下垂。

　　昆虫飞行时会动用大量肌肉，让自己的体温得到提升，通过提升体温进一步帮助自身飞行。飞蛾通常在夜间活动，飞行前会长时间颤动翅膀以提升体温。有些昆虫身体毛茸茸的，有利于维持热量，它们的体温甚至能达到30℃。

飞行方式　昆虫的飞行方式不尽相同：有些昆虫（如苍蝇、蜻蜓），可能是目前最优秀的飞行者；有些昆虫（如许多鞘翅目昆虫）的飞行则缓慢而无力。飞行方式的差异与昆虫的特征息息相关：昆虫的大小和重量，翅膀的类型及其弹性，胸部的肌肉大小，翅膀拍打的频率，等等。双翅目和膜翅目昆虫拥有令人难以置信的翅膀拍打速度，比如有些蠓的翅膀拍打频率每秒超过了1000次！有些蜻蜓目的昆虫，其迁徙距离十分惊人，比如黄蜻，可以不眠不休地横穿大洋，在距离海岸数千千米的地方都有分布。位于太平洋东南部的复活节岛上出现的唯一蜻蜓就是黄蜻！

蝴蝶的飞行

蝴蝶拍打翅膀的频率较低，每秒5～20次，所以它们的飞行姿态会给人一种翩翩起舞的感觉。然而，翅膀拍打频率低并不意味着如小红蛱蝶这样的蝴蝶不能在非洲和欧洲之间进行长途迁徙。

征服飞行的历程

从海洋到大陆

昆虫是非常古老的节肢动物。大约 4.8 亿年前，一些节肢动物脱离海洋后，与第一批植物一同登陆。有学者认为，昆虫、马陆、蜈蚣是从同一种海洋生物进化而来的；还有学者认为，昆虫是甲壳纲动物的近亲。但上述两种看法都不能清楚地说明昆虫的祖先究竟是谁。如果我们将原始的甲壳纲动物与泥盆纪六足虫进行比较，会不会发现一些相似之处呢？

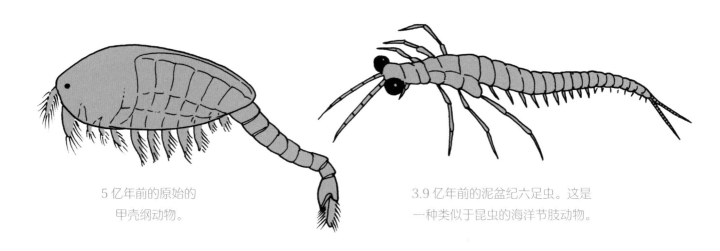

5 亿年前的原始的
甲壳纲动物。

3.9 亿年前的泥盆纪六足虫。这是
一种类似于昆虫的海洋节肢动物。

最早的有翅昆虫　昆虫进化出适合飞行的翅膀的整个过程持续了 7000 多万年。最古老的有翅昆虫化石可以追溯到大约 3.3 亿年前的石炭纪。在这一时期，大陆被森林覆盖着，到处是蝎子、蟑螂、蜻蜓等昆虫，以及两栖动物和最早的爬行动物。这些动物出现很久之后，恐龙才出现。或许是某些种类的昆虫逐渐离开地面，开始栖息在树干和树枝之上，翅膀的出现有助于它们在树丛之间飞翔。最早的有翅昆虫体形十分庞大。巨脉蜻蜓即是一种生活在 3 亿年前的蜻蜓，体形和乌鸦一样大，翼展甚至可以达到 75 厘米！然而，这种昆虫的呼吸系统通常只适用于微小的身体，它怎么会有如此庞大的体形呢？科学家提出了一个假说，因为当时大气中的氧气含量比如今要高得多，巨脉蜻蜓通过身体上的微型气管直接吸收氧气，具有进化上的优势，因此发展为"大个头"。

昆虫化石

昆虫的进化历史并没有完全被化石记录下来。昆虫一般体形较小，身体组织柔软，它们大部分时间都在陆地上度过，这不太利于其标本的保存。少数留存下来的昆虫标本其实是昆虫陷入泥浆或树脂后逐渐变成的化石。目前已发现的最古老的昆虫化石是莱尼虫化石，可以追溯到大约 4 亿年前的泥盆纪时期。

与花相关的革命　学会飞行后，一些昆虫开始以植物为食。而就在这一时期，世界发生了翻天覆地的变化。在此之前，石炭纪森林中没有花，森林里的植物都通过风进行传播繁殖。随着有翅昆虫出现，植物开始用新的方式传播繁殖。为了吸引昆虫，它们不断演化，产生了新的器官——花。后来，在距今 1.42 亿年至 6550 万年前的白垩纪时期，被子植物诞生了。昆虫被多彩、芬芳和富含花蜜的花朵吸引。就像今天的蜜蜂和其他授粉昆虫一样，这些昆虫身上携带着花粉，将花粉从一朵花带到另一朵花上，从而帮助植物繁殖。

飞行先驱

有了翅膀，昆虫成了第一种征服天空的动物。第一批鸟类实际上是在有翅昆虫出现后的 1.5 亿年后才诞生的，蝙蝠出现得更晚！通过飞行，昆虫能获取尚未被其他动物获取的资源，更容易逃脱掠食者的追捕，并很快占领陆地。

第五章

昆虫是怎样
行走的呢？

昆虫的足

足的种类与功能

大多数飞行类昆虫的足只起辅助作用：在身体处于静止状态时提供支撑，以及让昆虫实现短距离的自由移动。对于那些不擅长飞行的昆虫或是无翅昆虫来说，足是负责移动的主要器官。

昆虫生活在各种环境中。在淡水水域、土壤、草木之中，都可以找到它们的踪迹。有些昆虫还生活在洞穴、室内，甚至是纸页之中。为了适应不同的生存环境，它们的足进化出了不同的功能：有的用于游泳，有的用于挖掘，有的用于更好地奔跑和跳跃。

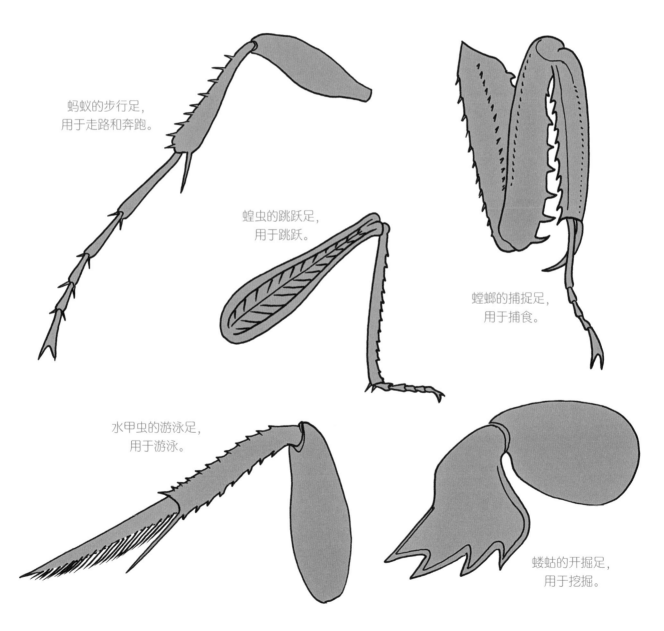

蚂蚁的步行足，用于走路和奔跑。

蝗虫的跳跃足，用于跳跃。

螳螂的捕捉足，用于捕食。

水甲虫的游泳足，用于游泳。

蝼蛄的开掘足，用于挖掘。

跑步健将 蚂蚁、�、蟑螂都是擅长行走和奔跑的昆虫。它们都有健壮的步行足,适合在陆地上行走,在岩石、草丛、树干上攀爬。3对步行足的功能各不相同:在行走时,前足牵引身体,后足推动身体前进,中足则负责维持身体平衡。实际上,昆虫在行走时,每次只将3只足放在地面上:当一侧的前足与后足还有另一侧的中足接触地面时,另外3足抬起,这样,昆虫就会以"之"字形前行。如果你在沙漠中碰巧遇到了拟步甲科昆虫留下的行进痕迹,那么你可以很明显地看出这种"之"字形的轨迹。

高速运动

虎甲可能是行走最快的昆虫。它们是掠食性昆虫,成虫生活在林地或是沙地上,以捕食小动物为生。它们具有掠食性昆虫的典型特征:头朝前,眼睛大,下颚宽阔,足长且壮。虎甲捕食时会快速奔跑、跃起,或短距离飞行。一旦它们追上目标,就立刻用下颚夹住并吞食猎物。

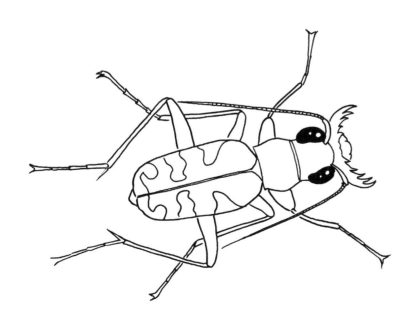

虎甲生活在海边和湖边,
通常在沙丘、黏土堤岸
和林地小径中,
在意大利很常见。

倒立行走　擅长爬行和奔跑的昆虫通常有一个很长的跗节，其末端是前跗节，由爪垫、中垫和两个坚硬的侧爪构成。昆虫的爪垫用来吸附住光滑的表面，而侧爪负责牢牢抓住粗糙的表面。苍蝇用这种方式在玻璃或天花板上行走，跳蚤则用这种方式像蔓生植物一样牢牢抓住动物的毛发，并在上面行动自如！

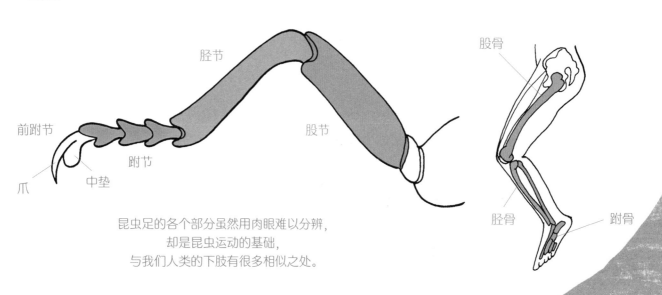

昆虫足的各个部分虽然用肉眼难以分辨，
却是昆虫运动的基础，
与我们人类的下肢有很多相似之处。

水上行走　水黾、尺蝽、宽肩黾蝽能在水面上滑行, 不会下沉或弄湿身体。它们的足又细又长, 上面覆盖着厚密的腿毛, 腿毛上有防水的含油物质。它们身上的其余部分也覆盖着毛发, 一旦掉入水中, 毛发便会使它们立即浮在水面上。此外, 这些昆虫的体重非常轻。它们足部的构造和"轻如鸿毛"的身体质量不会破坏水的表面张力, 这使得它们能在水面上如溜冰一样滑行, 它们所到之处可以看到水上微微荡起的涟漪。

水上猎手

水黾是捕猎高手。它们在湖泊或河流的某个区域内四处游弋。一旦其他昆虫落入水中, 水黾便会敏锐地察觉出水面的振动, 立刻游到猎物所在的位置, 用口器刺穿并吸食猎物。

水黾擅长在水上移动,
但它们在地面上行走却非常笨拙。
不过, 好在它们可以展开翅膀飞行!

47

游泳健将　淡水水域中生活着数千种昆虫，其中不少是优秀的游泳健将。昆虫的翅膀在水中没有用武之地；昆虫的足在奔跑和攀爬草叶的时候十分有用，但在水中，几乎仅能用于在水底缓慢行走。因此，水生昆虫的足演化成类似于船桨的形状，能在水中快速划动。

　　比如，半翅目昆虫仰泳蝽的后足就与身体一样长。它们会倒悬在水面之下，伏击猎物，稍有危险，它们就会用后腿作桨，消失在水底。还有鞘翅目的龙虱，这种掠食性昆虫用类似于船桨的强壮后足在水中快速游动。

淡水水域水生昆虫

与所有陆生动物一样，昆虫也是由海洋物种进化而来的。昆虫的祖先是最早离开海洋前往大陆的动物。在进化过程中，许多物种重新返回水中，但没有回归海洋，而是在淡水水域定居。如今，在池塘、水坑、河流、湖泊中，到处可见昆虫的踪迹。只要 6 月去池塘边看一看，就能感受到那里的昆虫数量是多么庞大！

仰泳蝽

龙虱

龙虱、仰泳蝽，以及其他水生昆虫的身上
都覆盖着毛发，可以隔水。
当氧气不足的时候，这些昆虫会倒转身体，
用腹部尖端接触水面，
通过这种方式补充氧气，然后回到水下。

无足昆虫　许多水生双翅目昆虫的幼虫都没有足。它们中有的用跳跃的方式前进，有的像水蛇一样游动，有的沉入水底的泥浆中，几乎无法移动。蚊子的幼虫孑孓倒悬在水面下，一旦遇到危险身体便快速折叠起来，朝水底迅速移动；危险过去后，它们会保持固定不动的姿态并慢慢返回水面。

为什么昆虫没有遍布海洋呢？

昆虫是一个庞大的动物群体，有近100万种，分布于所有的陆地环境，但它们的足迹却没有遍布海洋，这似乎是一件很奇怪的事。

事实上，只有少数昆虫生活在海洋中。大部分海生昆虫生活在礁池、海岸或是海洋表面。有些昆虫只于幼虫时期生活在海洋中。它们依附在海底、海藻、浮游生物甚至海龟的龟壳上生活。

这背后的原因是什么呢？

对此，科学家们提出了3种假说：

（2）昆虫是由海洋节肢动物进化而来的，它们经历了巨大的演变以适应陆地和大气环境，并最终占领了大陆和天空。这一过程是很难逆转的。

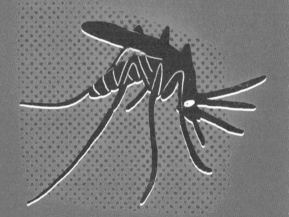

（3）海洋中已经生活着数万种甲壳纲动物了，它们是昆虫的海洋表亲。因此，昆虫在海洋生态系统中很难找到一个尚未被占据的生态位。

（1）生活在水中的昆虫只有在幼虫时期会一直生活在水中。成虫阶段，这种昆虫会浮出水面或者想方设法呼吸空气。事实上，世界上并不存在带鳃的昆虫，因而没有昆虫可以靠鳃来吸收水中氧气。可能对昆虫来说，水下环境难以生存，在鳃和翅膀之间做出进化选择时，昆虫选择了翅膀。

挖掘能手 我们只能在一年中最热的那几个月听到蝉鸣，这是因为蝉的寿命很短，只有几周，但它们的若虫寿命较长，有些甚至可以存活数年！例如，北美的十七年蝉可以在地下存活 17 年；发育完成，它们会从地下爬出，变成成虫后飞走。它们和其他一些陆生物种一样，前足发生了变化，演化为挖掘器官，也就是所谓的开掘足。

蝼蛄也生活在地下，擅长挖掘。它们拥有健壮的身体、结实的前足、强壮的肌肉，能在非常坚硬的地下移动。

用足感知

昆虫的足不仅用来行走，还有其他非常重要的功能。有些昆虫可以通过位于股节或胫节上的感受器来感知地面下方的声音和振动。此外，鳞翅目和双翅目昆虫在跗节上有味觉感受器，通过在食物上行走来分辨食物的味道！

跳跃冠军　许多昆虫在进化过程中学会了跳跃。跳跃会带来很多便利,例如可以帮助昆虫迅速逃离掠食者或快速获取猎物。与奔跑相比,跳跃消耗的能量更少。

蟋蟀和蝗虫是最擅长跳跃的昆虫,从属于直翅目的两个不同亚目:蟋蟀是剑尾亚目昆虫,而蝗虫是锥尾亚目昆虫。两者均有强壮的后足,即跳跃足。这些足比其他足长,肌肉也更发达。蟋蟀和蝗虫的股节也非常粗壮,肌肉发达,呈鸡腿状。跳跃时,这些肌肉使折贴于股节下的胫节突然伸直,身体被推向空中,从而让它们可以大幅跳跃。

掠食能手　掠食性昆虫会用长长的捕捉足抓住猎物,并在吞食和吸吮食物时用捕捉足保持身体稳定。这些经过进化的前足在昆虫行走时一直保持着离地的状态,已经完全失去了最初的行走功能。例如,螳螂并不会追击猎物,而是一动不动地隐蔽在植被中,直到猎物进入捕捉的范围内,再闪电般地抓住猎物,并将其困在布满锋利尖刺的胫节和股节之间。脉翅目昆虫螳蛉拥有两对透明的翅膀,也拥有与螳螂十分相似的足,但螳蛉的体形要比螳螂小得多。

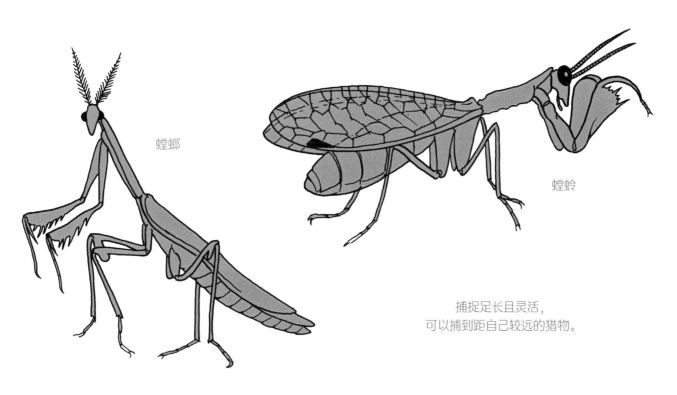

螳螂

螳蛉

捕捉足长且灵活,
可以捕到距自己较远的猎物。

第六章

昆虫是怎样
进食的呢？

>>>X<<<

昆虫的口器

不同类型的口器

    大多数昆虫是植食性动物，以树汁、树叶、木材为食。有些昆虫则是腐食性动物，以植物和动物的遗体或动物的排泄物为食，在整个生态系统中扮演着至关重要的分解者角色。还有一些是肉食性昆虫，它们以其他昆虫或小动物为食。另外一些昆虫则是寄生性昆虫，它们在其他动物身上生存。根据饮食种类的不同，昆虫已经演化出各种口器，这些口器或可咀嚼树叶或肉类，或可吸食血液，或可吮吸花蜜或植物汁液。

咀嚼式口器　肉食性昆虫和植食性昆虫正是通过这一口器咀嚼食物的。毛虫、蝗虫、螳螂、甲虫的上颚前部内侧有切叶齿，用来切割食物，然后用强壮的上颚基部内侧臼齿进行咀嚼。

蜜蜂和黄蜂的唇舌

黄蜂的口器是嚼吸式口器，具有多种功能。黄蜂会先收住食物，然后用下唇的唇舌吸食花蜜或其他液体食物。蜜蜂也具有类似的口器，它们也用下唇的唇舌吸食汁液。

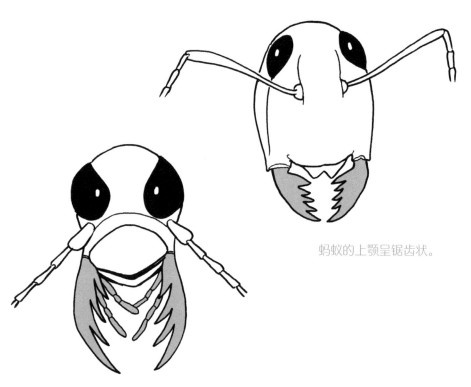

蚂蚁的上颚呈锯齿状。

绿虎甲的上颚大而细长，可以活动。

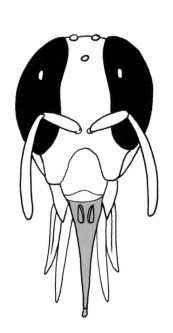

蜜蜂的下唇结构非常
适用于吸食花蜜。

嚼吸式口器　水蜈蚣（龙虱的幼虫）具有巨大的下颚，但后者并不用于咀嚼食物。水蜈蚣的口器内部是空心的，但水蜈蚣会像蜘蛛那样用口器向猎物注入毒液使其麻痹。

水蜈蚣还会捕捉蝌蚪和小鱼。

捕吸式口器　蚁狮（蚁蛉的幼虫）用捕吸器刺穿猎物，注入消化液，进行肠外消化后再把消化好的物质吸入。

水蜈蚣的口器
与蚁狮的口器
十分相似。

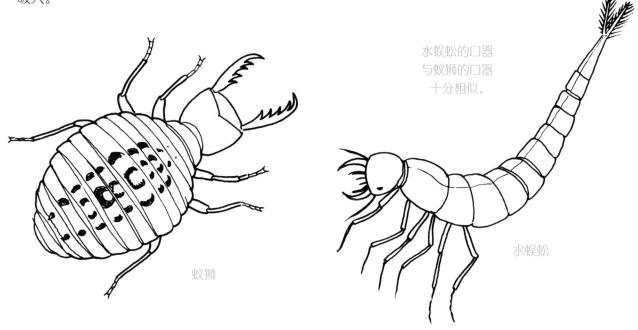

蚁狮

水蜈蚣

刺吸式口器 蚊子肯定是不受人欢迎的昆虫，不过它们的口器却非同寻常。我们所说的蚊子的刺针实际上是它的吸管状下唇。当蚊子叮咬猎物时，下唇向后弯曲，露出双管状的口器结构：一个是食物通过的管道，即消化管；另一个是唾液通过的管道，即唾液管。当蚊子用上下颚割开猎物的皮肤时，会同时用唾液管向其注入携带抗凝血剂的唾液，用消化管像注射器一样抽取血液。

蜻

蜻也有像蚊子一样的刺吸式口器，口器的两个管道由上下颚构成，可用于向猎物注入唾液，也可用于吸食血液或植物的汁液。

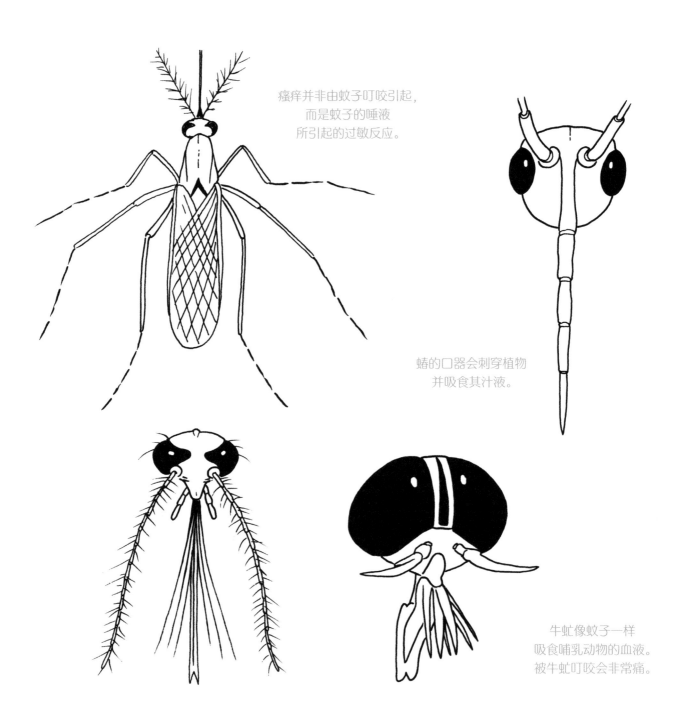

痒痒并非由蚊子叮咬引起，
而是蚊子的唾液
所引起的过敏反应。

蜻的口器会刺穿植物
并吸食其汁液。

牛虻像蚊子一样
吸食哺乳动物的血液。
被牛虻叮咬会非常痛。

舐吸式口器　苍蝇不会叮咬猎物，它们的口器与蚊子、牛虻的口器大不相同。苍蝇的端喙部，即唇瓣，是最发达的部分，其前端凹陷，端部变宽并呈吸盘状。唇瓣的表面有两条较深的纵沟和许多细小的环沟。苍蝇取食时，它们的唇瓣就像海绵一样将这些物质吸收进体内。

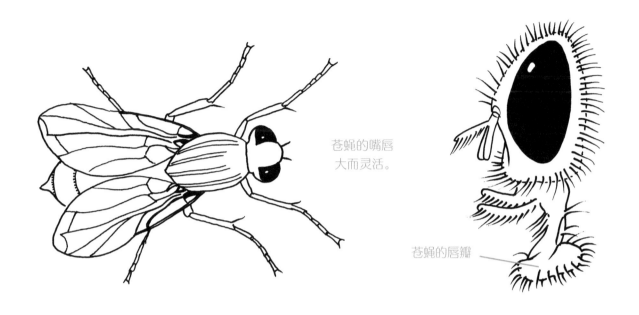

苍蝇的嘴唇
大而灵活。

苍蝇的唇瓣

虹吸式口器　鳞翅目昆虫的口器最为独特。蝴蝶和飞蛾的口器拥有卷曲的喙，它们可以用这种喙来吸食花蜜。没有吸食花蜜时，这种细管状喙会一直卷在头部之下，但需要吸食花蜜时就会伸展开来接触花蜜。这种细管状喙是由左、右下颚的外颚叶嵌合成的。

第七章

昆虫在哪里
生活呢?

沙漠中的昆虫

　　沙漠是地球上环境最恶劣的地方之一，但这里同样是昆虫的领地。沙漠中分布最广的是鞘翅目昆虫。它们的身体由鞘翅保护着，体表覆盖着外骨骼，后者保证体内不会流失一丝一毫的水分。它们的身体已经适应了酷热和干旱。沙漠中还生活着蚂蚁、飞蛾，甚至蜻蜓，它们的幼体往往在绿洲的小水洼中生长发育。由于要在水洼干涸之前飞走，它们必须发育十分快！

行走的水杯　雾姥甲虫生活在非洲的纳米布沙漠。之所以这样称呼它们，是因为雾是它们的主要水源。它们口渴的时候就会抬起后腹部，水滴会在那里凝结，然后沿着身体的沟槽滑向它们的口中。白天，这些昆虫会躲在阴凉处，避开太阳的热烤，只在温度急剧下降的日落时分才会出来活动。如果雾姥甲虫被迫在滚烫的沙地上移动，它们会尽可能地将身体抬离地面，快速移动。而为了免受夜间霜冻的伤害，雾姥甲虫会深深地埋入沙丘中，从而保存在日落前几个小时的活动中所积累的热量。

在沙漠中觅食

为了在沙漠中生存，鞘翅目昆虫以它们能找到的任何东西为食：种子、枯叶、动物尸体，甚至是粪便！这些昆虫在沙漠中也有天敌，比如一些蜘蛛。这些蜘蛛在最热的时候住在沙丘的洞穴中，在日落时分才会出来活动。

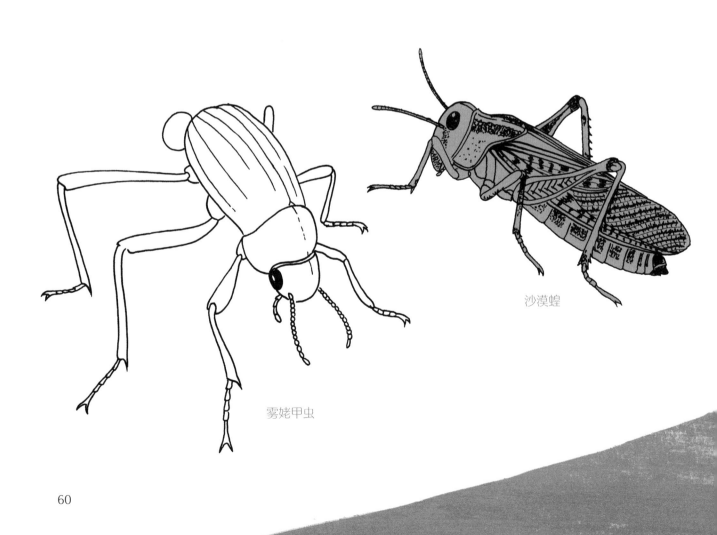

沙漠蝗

雾姥甲虫

伟大的小小旅行家 当沙漠中的食物不足时,沙漠蝗的若虫会发育成与它们的父母在相貌上略有不同的成虫,然后开始成群飞翔,迁徙至数千千米以外的地方。

但是,沙漠蝗的若虫是如何得知自己可以迁徙的呢?沙漠蝗的若虫似乎对成虫粪便中所含的物质十分敏感。粪便中所含的信息素因为食物的质量和数量不同而产生变化,这使得若虫可以实现与上一代成虫的交流,从而得知自己何时可以迁徙!

沙漠蝗的种群主要分布在
非洲、南欧、中亚。
沙漠蝗成群迁徙
迁徙的过程可以持续很多年,
会由一代又一代的
沙漠蝗去完成。

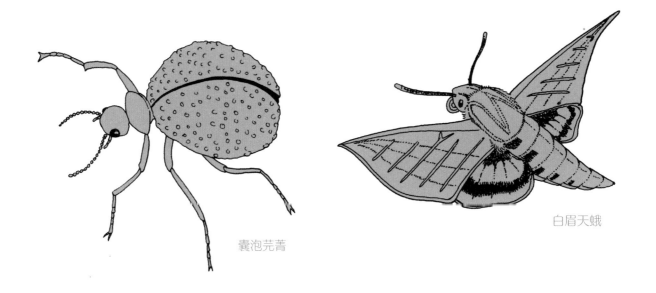

囊泡芫菁

白眉天蛾

有毒的昆虫 当春天来临时，北美洲的莫哈韦沙漠中会出现几百万只腹部肿胀的奇特甲虫——囊泡芫菁。它们的幼虫通常附在蜂类的身体上，取食蜂卵和蜂蜜，成虫则以植物为食。这些昆虫有毒，如果你去惊扰它们，它们会朝你释放刺激性液体，使你的皮肤出现脓包。

夜宴

美国的沙漠中也生活着鳞翅目昆虫白眉天蛾。为了躲避太阳的热量，它们在夜间飞行，吸食在夜晚盛开的仙人掌花的花蜜。

热带雨林中的昆虫

热带雨林是地球上生物多样性最丰富的地区。在热带雨林,人们每年会发现数百种全新物种,其中不乏外观奇特、颜色亮丽的昆虫。许多生活在热带雨林中的蝴蝶和甲虫非常漂亮,深受收藏家和商人的追捧。也正因为如此,一些蝴蝶和甲虫开始变得越来越稀有,甚至灭绝。

巨型甲虫　南美洲的森林中生活着一种天牛科巨型甲虫:泰坦大天牛。它的身长将近 17 厘米,下颚十分有力,可以对人类的手指造成严重伤害。南美洲还有另一种天牛科昆虫:长牙大天牛。它们和泰坦大天牛差不多长,其幼虫身长超过了 20 厘米。此外,独角仙的近亲长戟大兜虫,体形庞大,连同胸前的胸角,其长度可以达到 18 厘米!

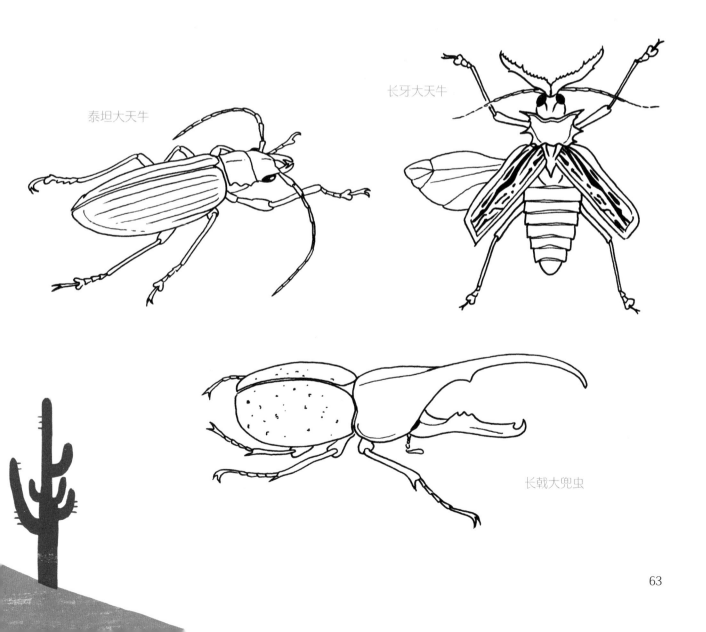

泰坦大天牛

长牙大天牛

长戟大兜虫

超大型翅膀　生活在南美洲的还有美丽的蓝闪蝶。这种昆虫的翅展长达 15 厘米。是不是已经非常大了？生活在马来西亚的乌桕大蚕蛾是世界上最大的蛾类，翅展是蓝闪蝶的 2 倍，足足 30 厘米。生活在热带的虻，体形也大得惊人。比如，巴西的英雄拟食虫虻身长 6 厘米，翅展长达 10 厘米！

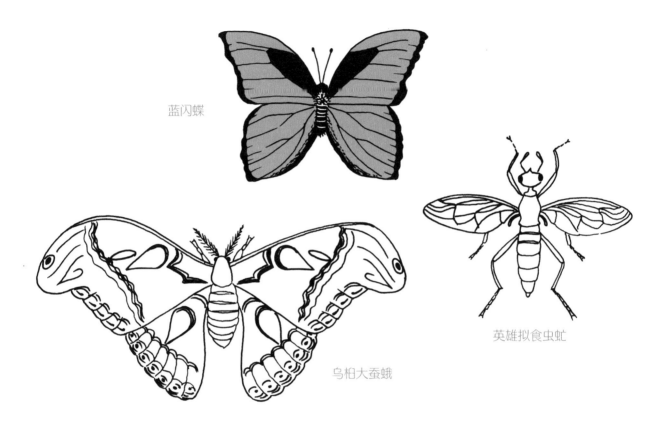

蓝闪蝶

乌桕大蚕蛾

英雄拟食虫虻

巨型竹节虫　生活在亚洲森林中的陈氏竹节虫，其雌性个体中常出现现存最长的竹节虫。它们身长约 35 厘米，算上足的长度，可达 56 厘米，相当于一个 9 岁男孩的手臂长度。同样生活在这里的还有世界上最重的竹节虫——巨扁竹节虫，重达 65 克，比 3 只小家鼠还要重！

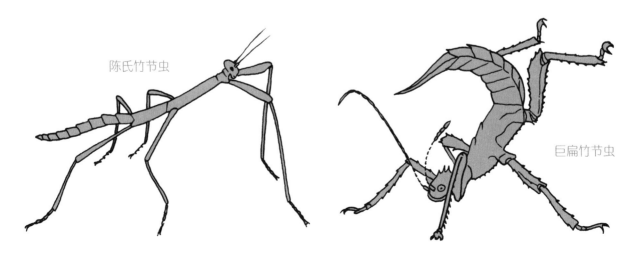

陈氏竹节虫

巨扁竹节虫

异乎寻常的尺寸

　　昆虫的呼吸系统结构特点决定了它们大多只能拥有很小的身体,因此昆虫群体内不存在像猫甚至是像大象一样大的物种。但在昆虫的世界里也有巨人般的存在。歌利亚大角花金龟长 12 厘米,质量为 100 克,这大约是小家鼠身体质量的 5 倍!当然,昆虫的世界里也有非常微小的代表。有许多种类的飞蛾体长都不超过半厘米;有些种类的蜻不超过 3 毫米;鸟类的寄生虫羽虱通常不会超过 2 毫米;书虱更小,大约 1 毫米!

温带森林中的昆虫

昆虫对于维持森林生态系统的平衡起着至关重要的作用。一些幼虫能够消化有机物质，将营养和能量返还给土壤和植物根部；蚂蚁、胡蜂、甲虫可以有效控制植物身上的寄生虫；蝴蝶、蜜蜂以花蜜为食，在开花植物的授粉过程中扮演着重要的角色。

森林的捍卫者　大摩羯座甲虫身长 6 厘米，触角长达 10 厘米，目前已濒临灭绝。大摩羯座甲虫在保护森林方面发挥着重要作用，因而受到欧洲各国法律的保护。它们通过入侵老树的树干，帮助森林中的树木更新换代，因为只有老树死亡，年轻、富有活力的树木才能得以成长。

林中巨人

雄性锹甲有发达的上颚，后者几乎和身体的其他部分一样大。它们的身长超过 8 厘米，是欧洲最大的鞘翅目昆虫之一。

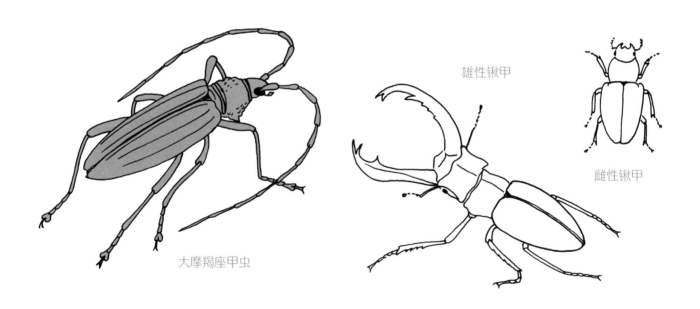

雄性锹甲

雌性锹甲

大摩羯座甲虫

有害寄生虫　松毛虫的幼虫有强壮的颚部，以松针为食，可以使松树的针叶完全脱落！到了为变态发育做准备的化蛹阶段，松毛虫的幼虫会成群结队来到地面，寻找合适的地方并将自己深埋起来。由于松树广泛分布于绿地和花园，我们在森林和城市中很容易看到松毛虫的身影。

微小的贪食者

潜叶蛾非常小，生活在叶子中。幼虫从内部吃掉叶子，并在不到 1 毫米高度的空间中度过一生。

松异舟蛾的幼虫会排成一列爬行，它们身上的刺会使触碰它们的人产生严重的过敏反应。所以，别触碰它们，也不要干扰它们行进！

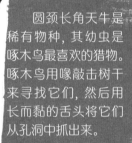

圆颈长角天牛是稀有物种，其幼虫是啄木鸟最喜欢的猎物。啄木鸟用喙敲击树干来寻找它们，然后用长而黏的舌头将它们从孔洞中抓出来。

疆星步甲是一种以毛虫为食的大型甲虫，是森林的重要捍卫者。

红褐林蚁会在高山森林中筑起巨大的巢穴。这种蚂蚁是植物寄生虫的天敌，它们的存在对森林植物健康生长至关重要。

草原上的昆虫

　　草原上生活着数万种昆虫：蝴蝶、甲虫、胡蜂、蜜蜂、蜻、蚂蚁、蝶角蛉、蟋蟀、叶蝉，等等。春天，昆虫会抓紧时间利用草原绝佳的食物资源繁殖。在高山地区，气候凉爽，雨水较多，植物花期更长，哪怕盛夏时节也有许多昆虫现身。

不速之客　春天鞘翅目芫菁科昆虫芫菁会在地里产卵。它们的幼虫叫三爪幼虫，出生后会爬上花茎，等待蜜蜂到来。一旦有蜜蜂接近，它们会紧紧附在蜜蜂身上，随之进入蜂巢内部。在那里，三爪幼虫会以蜂蜜和蜜蜂幼虫为食，完成蜕皮过程。它们会在蜂巢中化蛹，躲避掠食者并度过寒冬。次年春天，经过变态发育后，成虫会从蜂巢中离开并把卵产在土地里，开启新一轮的生命周期。

瓢虫

沫蝉是优秀的跳跃者，
生活在花上和草叶中；
沫蝉的若虫会产生黏性的泡沫，
它们会隐藏在泡沫中，吸食植物汁液。

一种罕见的螳螂
正一动不动地等待猎物到来。

瓢虫的幼虫

芫菁

危险的斑点 瓢虫身体大多呈红色,多带有黑色斑点;瓢虫的幼虫身体大多呈黑色,多带有黄色斑点。它们鲜艳的颜色表明它们是有毒的,会对草丛中的其他物种起到威慑的作用,避免自己成为其他物种的盘中餐。蚜虫会侵害植物,而瓢虫恰恰以蚜虫为食,因此我们常常会在有蚜虫的草叶和花朵上发现瓢虫的身影。意大利最常见的瓢虫有七星瓢虫和二星瓢虫。

储藏小球 在草食动物遍布的牧场上,很容易看到在寻找动物排泄物以便产卵的蜣螂。它们会把动物的粪便制作成完美的粪球,将其滚到安全的地方掩埋,然后在覆盖洞口之前,在粪球里面产卵。这样一来,幼虫就会十分安全,并且有充足的食物!

死亡盛宴

在自然界中,没有任何东西会被白白浪费。当一只哺乳动物或一只鸟死去的时候,苍蝇会在尸体上产卵,这样它们的幼虫就可以以腐烂的肉为食。一些葬甲科的埋葬虫会大量聚集在尸体周围交配产卵,然后一起埋葬死者。

脉翅目昆虫蝶角蛉活跃的时节是 5 月和 6 月。蝶角蛉以其他昆虫为食,它们的幼虫也是肉食性昆虫。

带有金属色泽的金龟子并不是传粉昆虫,而以花粉和花朵为食。

蜣螂

草原上危机四伏。蟹蛛会把自己伪装起来,隐藏在花瓣中,从而捕食小昆虫。

土壤中的昆虫

　　土壤中除了生活着蚯蚓等生物外，还生活着数千种昆虫。这些昆虫发挥着至关重要的作用：它们会吃掉植物中的有机物质，还会以其他动物的粪便和尸体为食，加速其分解，调节整个地下食物链的平衡。

夜间掠食者　许多鞘翅目昆虫生活在地下，只会在夜间出来觅食。这些夜间掠食者有着巨大的下颚且行动迅速。例如，食蜗步甲最喜欢的猎物是蜗牛，它们的细长带钩的口器能将蜗牛肉从甲壳里钩出来。

丝制隧道　纺足目昆虫丝蚁会在地下挖出长长的隧道，然后用跗节最基部的一节分泌的细丝将其覆盖。尽管丝蚁不是蚂蚁那样的社会性昆虫，但隧道中也会同时生活着数十只或数百只丝蚁。它们几乎不离开隧道，所以很难在野外发现它们。

狡诈的蚁狮

脉翅目昆虫蚁狮会在沙质土壤中挖出一个漏斗形的洞，然后在底部张开下颚，一动不动地等待蚂蚁或其他小虫落入陷阱。蚁狮甚至会用沙粒来击打猎物，让它们失去平衡，掉入陷阱！

地下幼虫 许多幼虫以腐烂的有机物或植物根部为食。这其中最具代表性的是金龟子的幼虫。金龟子是金龟总科的通称,其幼虫又大又白,头部呈褐色或淡红色,身体弯曲呈字母"C"的形状。

双翅目昆虫大蚊的幼虫也生活在地下,它们既没有足,也没有触角、眼睛。通常几年之后,它们成熟时,会在地下化蛹并进行变态发育。次年春天,成虫会破土而出,然后开启新的生命周期。金龟子和大蚊都经历了完全变态发育。

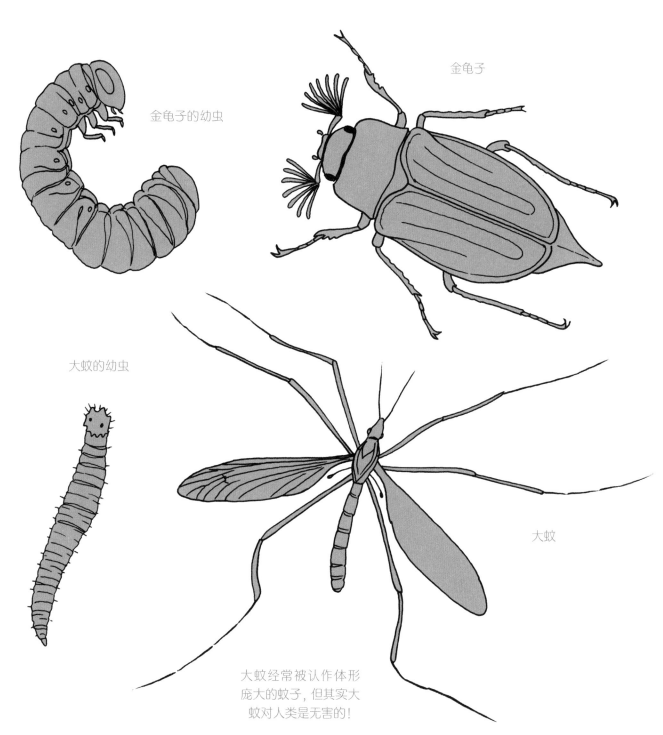

金龟子的幼虫

金龟子

大蚊的幼虫

大蚊

大蚊经常被认作体形庞大的蚊子,但其实大蚊对人类是无害的!

洞穴中的昆虫

洞穴里没有光，终年气温较低，食物稀少，但洞穴中的生命却生生不息。盲步甲、灶马会在洞穴中完成它们的整个生命周期，其他动物，如飞蛾、蝙蝠，会在洞穴中度过生命中的一部分时间，而豪猪、猫头鹰、蟾蜍只是偶尔在洞穴中停留。有地下河流经的山洞更是热闹非凡：这里生活着虾、蟹、鱼类，以及两栖动物！

洞穴中的食物链

蝙蝠的粪便通常是洞穴中的动物们的食物。霉菌和真菌在粪便上滋生，昆虫、甲壳类动物和马陆以它们为食，而这些动物本身也是其他动物的猎物。可见，蝙蝠粪便在洞穴营养级的最底端！

许多飞蛾住在洞穴中，或冬季在洞穴中躲避严寒，洞穴中的它们必须提防盲步甲的捕食。

一些鞘翅目昆虫，如盲步甲，已经完全适应了洞穴生活。它们几乎是无色的，具有长长的足和触角。

灶马的眼睛很小，但足和触角都很长，可以在黑暗中辨别方位。它们通常在夜间出来觅食。

藏在家里的昆虫

我们的家里十分温暖,到处是可供躲避和觅食的缝隙,这么得天独厚的条件,昆虫怎么会不加以利用呢? 我们的祖先还在依靠狩猎和采集为生时,昆虫就已经与我们共同生活了。之后,随着农业发展和城市出现,我们的昆虫伙伴越来越多。

与人类共生的昆虫 苍蝇和蟑螂或许是最早与人类共生的昆虫,也是最早依靠人类食物资源生存的昆虫。苍蝇喜欢到人类家中避寒,所以我们秋天常常也能见到它们。它们在腐烂的有机物质中产卵,几周后幼虫就会在这里生长,完成变态发育和繁殖过程。

与苍蝇一样,蟑螂的排泄物和唾液会污染我们的食物。我们吃的东西,它们都会吃。它们在管道和墙壁的缝隙里移动,有时整栋大楼各个角落都会出现它们的身影! 东方蜚蠊是在世界各地分布最广的蟑螂种类之一。

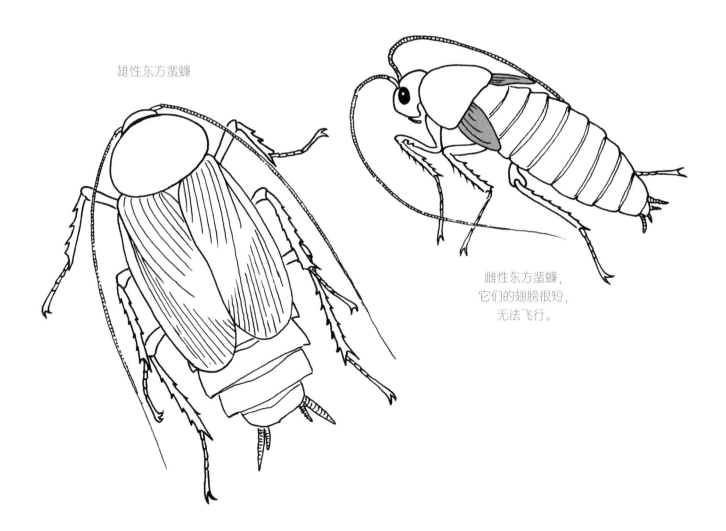

雄性东方蜚蠊

雌性东方蜚蠊,
它们的翅膀很短,
无法飞行。

食品柜中的昆虫 很多昆虫以我们人类的食物为食，因此我们在食品储藏柜里常常能见到它们的身影，其中最常见的就是果蝇。它喜欢在成熟和轻微发酵的水果上飞舞，也会被葡萄酒和醋吸引。有时我们在面粉中可以找到印度谷螟的白色幼虫，它们也会藏身于意大利面、坚果等食物中。印度谷螟的排泄物会污染食物，如果我们在某种食物中发现了印度谷螟的踪迹，那最好就将这种食物扔掉！如果你发现干燥的豆子有一个小圆孔，那通常是非常小的灰绿色鞘翅类昆虫豆象留下的痕迹，它们的幼虫会从内部往外食用豆子。

衣橱里的飞蛾

我们在羊毛衫上经常发现的破洞是由一些谷蛾科的蛾类造成的，其中最常见的是衣蛾。实际上，造成这些洞的不是衣蛾的成虫，而是它们的幼虫，这些通体白色的毛虫以羊毛为食。

令人生厌的蠹虫　蠹虫或衣鱼是家中十分常见的昆虫。一到晚上,它们就四处活动,食用含糖或淀粉类的物质,也会吃胶水、纸张、头屑、头发、织物和皮革。有时,它们会出没于图书馆,通过刮擦纸张表面的方式食用纸张纤维,这会抹去上面的文字,对于古籍收藏者来说,它们会造成很大的麻烦。

蚊子　尖音库蚊是常见的蚊子种类,会在夏夜打扰我们的睡眠。尖音库蚊最初是一种鸟类寄生虫,城市诞生之后,它们开始以我们人类的血液为食,并将我们的家作为庇护所。它们的幼虫在积水中发育。雌性尖音库蚊会在冬天蛰伏,但如果天气暖和的话,哪怕是在1月份也会叮咬人类。

木材盛宴　我们家中的木材,如床、椅子、衣柜、房梁,经常受到蛀虫,即鞘翅目长蠹总科的一些小型昆虫的侵袭。家具甲虫是一种常见的蛀虫,它们在木材的缝隙中产卵,幼虫以木材为食并且在其中生长。春天,它们长成成虫后会从缝隙中钻出来飞走。如果一件家具下面有成堆的木材黄色粉末,那这件家具里肯定有蛀虫。天牛科的家希天牛也栖居在我们人类的家中。与蛀虫不同,它们会对木制房梁造成严重破坏,因为它们的幼虫会在房梁里面挖出大而深的孔洞,可能导致屋顶坍塌。

杀手

疟疾是最严重的人类疾病之一,其病原体疟原虫可由按蚊属的一些蚊子传播。根据 2022 年 12 月发布的最新《世界疟疾报告》,每年全球约有 62 万人死于疟疾。

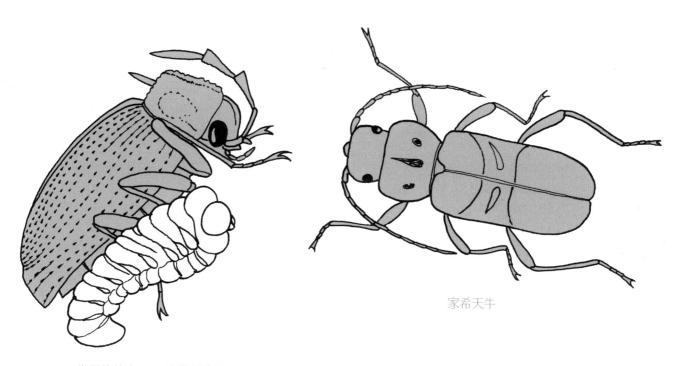

常见的蛀虫——家具甲虫的
成虫和幼虫

家希天牛

高海拔地区的昆虫

　　昆虫是冷血动物，体温与其生活的环境温度一致。昆虫会通过晒太阳取暖，感到很热时就躲在阴凉处。到了冬天，许多昆虫要么死亡，要么冬眠。不过，仍然有数千种昆虫已经适应了寒冷的环境，在极高海拔的山地上度过一生。有些昆虫甚至生活在终年积雪的冰川上！

冰川遗民　过去 70 万年，欧洲地区出现了许多次冰期，即极度寒冷的时期，寒冷的地带甚至一度延伸到了地中海地区。在这些极度寒冷的时期，欧洲的动物群与今天大不相同 —— 许多物种灭绝，存活的物种被迫迁徙到气候更温暖的地方，因此阿尔卑斯山的动物物种变得十分稀少，而亚平宁半岛的物种则变得丰富起来。大约 12000 年前，上一次冰期结束后，许多喜欢寒冷的物种消失或向北部迁徙，其他物种则留在南方地区，有些居住在高山之上。这些留下的物种即我们现在所说的"冰川遗民"。它们中有蝴蝶，如阿波罗绢蝶、红眼蝶、毛眼蝶；还有蝗虫，如槌角蝗等。

一些与衣鱼有近亲关系的石蛃目昆虫生活在平均海拔 3000 米左右的阿尔卑斯山脉上。

蝗虫在高山草甸中分布广泛。有些物种，如红槌角蝗和红股秃蝗，它们生活在海拔 2500 米甚至更高的地方。

一些蜻蜓的稚虫生活在如高山湖泊这样的寒冷水域中。你很难找到它们的稚虫，但在夏天，你很容易看到它们的成虫在水面上飞来飞去。

极地也有昆虫吗？

北冰洋是一片浩瀚的冰封海洋，陆生或水生昆虫很难在那里生存。但在夏季，北极的周边地区到处是昆虫，尤其是蚊子。它们在融化的冰水中生长。

南极蠓是在南极大陆上生活的唯一的昆虫。它们是一种体长不超过 6 毫米的蚊子，但却是南极大陆上最大的陆生动物！南极蠓的幼虫在南极大陆上的藻类或苔藓中发育，生命周期只有 2 年。它们的成虫没有翅膀，只能存活 10 天左右。在极低的温度下，南极蠓会逐渐流失 70% 的体液，而随着水分减少，体内的几种抗冻物质的浓度会得到提升，可以帮助它们抵御严寒。

红眼蝶颜色很深，
更容易吸收太阳的热量。
有些红眼蝶甚至能飞越平均海拔
3000 米左右的阿尔卑斯山脉。

长翅目昆虫雪蝎蛉的翅膀
趋于退化，它们在陆地上跳跃移动。
雪蝎蛉的幼虫和成虫均以苔藓为食。
气温接近冰点时，它们会十分活跃，
人类掌心的热量就足以杀死它们。

高卢虎甲是一种生活在
平均海拔 3000 米左右
的阿尔卑斯山脉的甲虫。

阿波罗绢蝶生活在
阿尔卑斯山脉和
亚平宁山脉的最高峰上。
它们体形较大，花纹独特，
易于发现和识别。

第八章

昆虫的
外形与本领

颜 色

　　蝴蝶、胡蜂以及许多种类的昆虫身上都有艳丽的色彩。它们身上的图案和色彩仿佛出自艺术家的手笔。许多甲虫和蜻蜓的外表带有有色玻璃或金属般的色泽。这些颜色是怎样产生的呢？它们有什么作用呢？

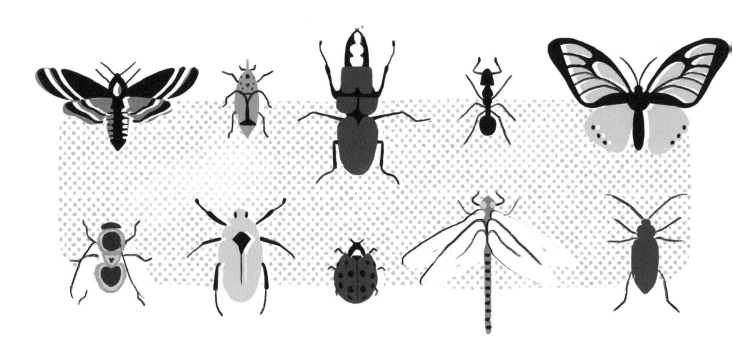

化学色和物理色　　通过观察古老的昆虫标本，你会发现有些昆虫（如蝗虫和大多数蜻蜓）会发生褪色——随着时间推移，曾经是绿色、红色或蓝色的它们，后来都变成了棕色或黄色。发生这种情况的原因是，这些昆虫的颜色都是化学色，即由外骨骼中所含的化学物质产生的颜色。这些昆虫死后，这些化学物质会随着时间的推移降解，直至完全消失。

　　而鞘翅目昆虫和豆娘的外表总是保持着鲜艳的色泽，这是因为它们的颜色是物理色。如果用高倍率显微镜观察这些昆虫，我们会发现，它们的外骨骼并不光滑，上面有数百万个突起、孔洞。这些微型结构能反射不同波长的光，从而呈现不同的颜色。外骨骼不光滑的表面所带来的色彩并不像化学物质所带来的色彩那样会因降解而消失，而是保持不变，这就是这些昆虫永不褪色的原因！

带色鳞片

- - - - - - - - - - - - - - -

蝴蝶翅膀上有数百万个微小的彩色鳞片。哪怕是用只放大几倍的放大镜也能观察到这些鳞片。每个鳞片长约1/10毫米，鳞片表面有丰富的细微结构，使翅膀产生金属或彩虹色的光泽。上面的颜色会根据翅膀的角度，也就是光反射的角度而发生变化。

- - - - - - - - - - - - - - -

隐秘伪装

　　对动物来说，与周围环境"融"为一体可以趋利避害。比如，雌雉在地面巢穴中孵蛋时，其外表颜色就与周围环境融为一体，这样既可以躲避掠食者攻击，又可以防止被猎物发觉。狮子的身体呈现干草的颜色，老虎的身体与丛林阴影的颜色相同，也是出于同样的目的。与之类似，数千种昆虫已经进化出不可思议的伪装术，可以使自己轻易地隐藏起来。昆虫界的伪装高手莫过于竹节虫和叶䗛。

竹节虫　竹节虫这一名称源于它们的外表：它们与其赖以生存的树枝不仅颜色一样，外形也同样细长、脆弱。不过，竹节虫的伪装可不仅限于外表，它们还能像树枝那样随风颤动、摇晃。即便静止不动，它们也不像昆虫：当它们把前足搭在一起，整个身体就变成了一根树枝，让人分不清真假。竹节虫在森林里很常见，但不易被发现。你见过它们吗？

叶䗛　叶䗛是模仿树叶形态的竹节虫目（䗛目）昆虫，多分布于热带或亚热带地区。它们的外表拥有与树叶相同的颜色、脉络，甚至略微干枯和皱巴巴的边缘！它们的腿部和头部也呈现树叶的形状。更奇特的是，它们的卵与植物种子也十分相似！

毛虫测量员

与其他毛虫不同，尺蛾幼虫的腹部末端只有两对伪足，只能通过弯曲和伸展身体的方式移动。它们移动时的样子就好像在测量自己所走过的地方一样！白天，它们纹丝不动，其形状和颜色就像干树枝，让人难以分辨；夜晚，它们开始活动，以躲避某些食虫鸟类。

螳螂　与躲避掠食者的竹节虫目（䗛目）昆虫不同，螳螂是肉食性昆虫，伪装自己是为了捕捉猎物。欧洲螳螂呈草绿色，秋天时会变成棕黄色；兰花螳螂则会伪装成花朵的样子，隐藏在植物中等待猎物上钩；枯叶螳螂看起来就像干枯的树叶一样，通常潜伏在地上。

蝗虫　某些蝗虫的外表就像小石子，还有一些种类的蝗虫与它们生活的沙土环境的颜色相同。斑翅蝗伪装技能一流，但它们后翅的颜色非常鲜艳，通常呈黑色和橙色。一旦掠食者发现并靠近它们，斑翅蝗会跳起来展现后翅的颜色，分散掠食者的注意力。随后斑翅蝗会合上翅膀，隐藏后翅鲜艳的颜色，与周围环境融为一体，很难被识别出来。

究竟是荆棘还是昆虫？

有些角蝉，胸部有各种突起，用来模拟植物的刺。找到它们并非易事。

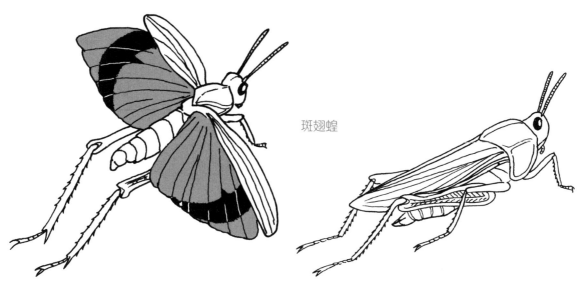

斑翅蝗

危险信号

　　为什么有些飞蛾、甲虫、苍蝇看起来与胡蜂颇为相似呢？事实上，有些昆虫虽然隶属不同群体，但身上却有相似的鲜艳颜色和斑纹，这些颜色就是警戒色。警戒色通常存在于那些有毒或气味难闻的动物身上，用来警告掠食者。典型的警戒色有胡蜂的黄色和黑色，以及瓢虫的红色和黑色。

不可食用　但是掠食者是如何知道胡蜂会蜇伤自己，进而躲避它们的呢？这要靠经验和记忆！比如，一只幼年蟾蜍试图吃掉一只胡蜂，不料被蜇了一下，立刻将胡蜂吐出来。如果这只蟾蜍能存活下来，就会清楚地记得胡蜂的颜色，因为胡蜂的颜色很显眼，而蟾蜍又将这一颜色与痛苦的感受联系起来，以后它就再也不会尝试捕食类似的昆虫了！黑顶林莺不食用瓢虫也是同样的道理，因为后者虽然不会蜇人，但会释放有毒和发臭的液体。

令人刺痛难忍的幼虫

- - - - - - - - - - - - - - - -

某些胡蜂的幼虫体表也有警戒色，一旦受到惊扰，它们的腹部腺体会产生一种物质，向掠食者喷射并使掠食者产生刺痛感。

- - - - - - - - - - - - - - - -

瓢虫的幼虫

胡蜂

瓢虫通常
呈现出黑色与黄色。

自然选择　决定胡蜂或瓢虫颜色的并不是它们自身，而是自然选择。自然选择使具备最有用特征的物种得以生存并有机会繁殖后代。掠食者更容易记住拥有警戒色的危险昆虫，例如胡蜂或瓢虫，因此掠食者会尽量避开它们。这样一来，那些拥有警戒色的昆虫就会存活得更久，繁殖机会更多，后代的警戒色会更明显。这种自然选择赋予的警戒色不仅体现在昆虫身上，也体现在很多有毒动物身上。警戒色无论对掠食者来说还是对拥有警戒色的动物本身来说都十分有利！

缪氏拟态与贝氏拟态

有毒物种相互模仿的现象被称为缪氏拟态。这一名称源于研究这一现象的 19 世纪德国动物学家弗里茨·缪勒。

缪氏拟态是有毒动物之间的"共性"，显示了自然界中颜色语言的普适性。

珠毒蜥

缪氏拟态的例子：珠毒蜥、火蝾螈、珊瑚蛇。它们都是有毒动物，拥有相同的颜色。

火蝾螈

珊瑚蛇

很多物种利用了警戒色这一特点。比如，许多无害的昆虫会模仿胡蜂或其他有毒动物的颜色，从而避免被猎杀！它们被称为拟态者。这种模仿的现象被称为贝氏拟态。这一名称源于研究亚马孙昆虫的英国昆虫学家亨利·沃尔特·贝茨。

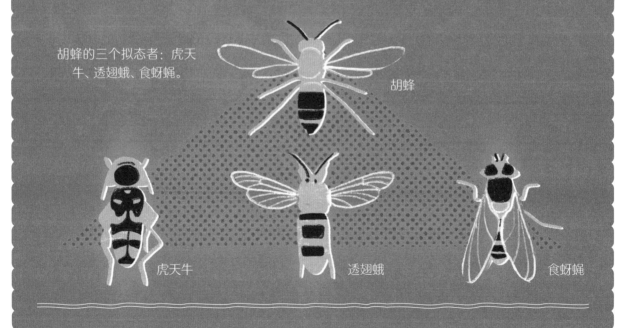

胡蜂的三个拟态者：虎天牛、透翅蛾、食蚜蝇。

胡蜂

虎天牛

透翅蛾

食蚜蝇

你能分辨出哪里
才是真正的头部吗?

视觉错觉　凤蝶的尾巴就像触角一样,翅膀上的条纹将掠食者的视线吸引到尾巴处。玉米天蚕蛾的后翅则有两只假眼,后者酷似猫头鹰的眼睛。当它们受到攻击时,就会展开翅膀,露出假眼,吓走掠食者。

用于防御的气囊

为了吓退掠食者,凤蝶的幼虫会给它们的臭角腺一个橙色气囊充气,这个气囊呈字母"Y"形,与蛇的舌头类似。

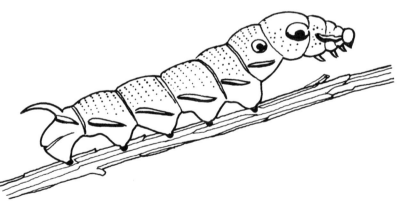

许多有毒的毛虫
也有警戒色和假眼。
红天蛾的幼虫看起来
像一条小蛇。
如果看到它们,
最好立即远离!

帝王蝶的幼虫是有毒的,
从它们的颜色就可见一斑!
这是因为它们食用的植物
带有毒性。
倘若它们以无害的植物为食,
则会失去毒性。

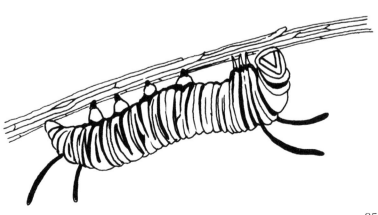

识别标志

　　许多种类的蝴蝶和蜻蜓的雄性个体与雌性个体在颜色上并不相同——雄性个体的颜色要鲜艳得多，因为它们需要通过对比谁更漂亮、谁更加多彩来赢得雌性的青睐。然而，对于某些夜行性昆虫来说，颜色并不重要。它们不是借助光而是化学信号（信息素）来分辨彼此。

双面翅膀

许多蝴蝶的翅膀的上表面有非常鲜艳的颜色，而下表面则是伪装色。一旦折叠起翅膀，它们就可与周围的环境"融"为一体。

声 音

　　蝉、蟋蟀、蝗虫都是人们熟知的六足鸣虫，但昆虫中并不是只有它们才会发声。就鸟类而言，鸣叫可以划定领地，吸引雌性，因此，能鸣叫的通常是雄性，但对昆虫来说却并非如此。

昆虫中的小提琴手　雄性蟋蟀有一对双层的前翼翅，上翅背面有齿状琴弓，琴弓与下翅根部的摩擦片相互摩擦、发声。另外，雄性蟋蟀的翼翅和腹部之间有个气囊，如同一个小提琴共鸣箱，能将声音扩大。蝗虫的发声系统与蟋蟀稍有不同。它们用后腿的突起摩擦前翼翅径脉基部，奏响属于自己的音乐！

蝉鸣　蝉的腹部两侧有两个圆形膜，即鼓膜，与肌腱和肌肉相连，振动频率高达每秒 480 次！但是鼓膜要振动，需要一定的温度，这就是蝉只在夏天鸣叫的原因。

声音通道

许多蟋蟀和蝗虫会在夜间鸣叫。虽然在黑暗中寻找它们很困难，但它们也并非安全，因为周围到处是掠食者。

蟋蟀在白天很活跃，但总是待在巢穴的入口处，一有危险，就会躲入巢穴。蝉通常在白天鸣叫，它们身上的颜色与周围环境融为一体，隐藏自己的同时也能通过鸣叫相互交流！

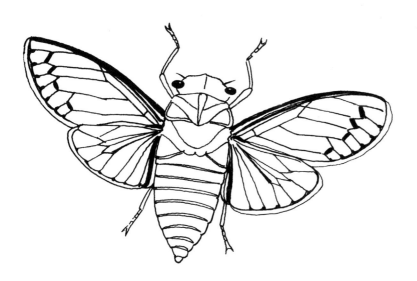

澳洲绿蝉的鸣叫似乎是整个昆虫王国中最响亮的。
对身长仅几厘米的澳洲绿蝉来说，能发出如此响亮的声音，真是了不起！

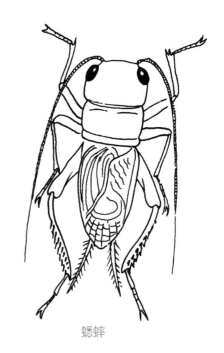

蟋蟀

致命哨声 鬼脸天蛾在受到威胁时会通过虹吸式口器吸入空气并振动内膜，发出类似于哀鸣的哨声。再加上鬼脸天蛾的胸部背面有一个类似于骷髅的图案，所以自古以来它们一直不被人们喜欢！

示警之声 一些鞘翅目也会发出声音来吓唬掠食者。例如，某些天牛被抓到时会发出刺耳的声音，还会上下晃动头部，仿佛在说："我会报仇的！"

昆虫中的打击乐演奏家

蚂蚁之间不仅通过化学信号进行交流，还通过互相接触触角进行交流。遇到危险时，它们会通过敲击蚁丘的通道来传递信息。

鬼脸天蛾的声音像是口哨声。其他种类的飞蛾一般不会发出这种声音，但会发出超声波来迷惑捕食它们的蝙蝠。

天牛的声音是由胸部摩擦产生的。

专注的听众 昆虫会通过鸣叫来彼此交流。它们通过进化获得了发声能力与敏锐的听力。昆虫没有像我们人类一样的耳朵，但它们可以听到声音，这要归功于它们特殊的器官。蝉、蝗虫以及许多飞蛾的腹部内有鼓膜器，如同我们的耳膜一样产生振动；蟋蟀前腿胫节上所分布的孔洞则是它们的听觉器官。

海边音乐会

雄蝉鸣叫时会将自己的鼓膜器合上，因为它们发出的声音太大了，甚至会对自身造成伤害！夏日去海边的松林听一场蝉鸣吧，你会感受到它们的力量！

光

雄性的蝉、蟋蟀、蝗虫会通过鸣叫吸引雌性，另外一些昆虫则使用光来引起异性的关注。黑暗中，光是非常好的传递信息的方式。除了最为人熟知的萤火虫，自然界还存在许多能发光的昆虫，例如荧光叩甲，一种生活在中美洲和南美洲的鞘翅目昆虫。

活着的明灯 萤火虫是鞘翅目萤科昆虫。全世界大约分布着 2000 种萤火虫。它们是小型掠食性昆虫，以无脊椎动物蜗牛、蛞蝓为食。

萤火虫发出的光主要是由荧光素和荧光素酶之间的化学反应产生的。由于萤火虫的幼虫春天生长，夏天才蜕变为成虫，因而只有当夏夜来临时，萤火虫腹部储存的荧光素和荧光素酶才会发生化学反应，萤火虫才会点亮属于自己的舞台！

昆虫照明

荧光叩甲是一种鞘翅目叩甲科昆虫。它们胸部的第一部分有两个发光器官，腹部有另外两个发光器官。它们可以发出很亮的光，亮度足以让你在黑暗中进行阅读！

化学武器

　　有些昆虫的体内就像一个实验室，能产出大量化学物质。昆虫用这些化学物质相互交流，同时保护自己免受掠食者之害。其中一些化学物质甚至会使人类出现严重的症状。不过，大多数昆虫并不危险。

　　恶臭武器　蝽的外表为绿色。秋天，它们常会到我们人类的家中做客，躲避寒冷的天气。蝽并不危险，但如果受到惊扰，就会释放一种液体，具有难闻且持久的气味，让掠食者避而远之。另外一些昆虫，如鞘翅目的天牛科和步甲科昆虫，也会用类似的化学武器来保护自己。毕竟，有谁愿意捕食带有恶臭气味的昆虫呢？

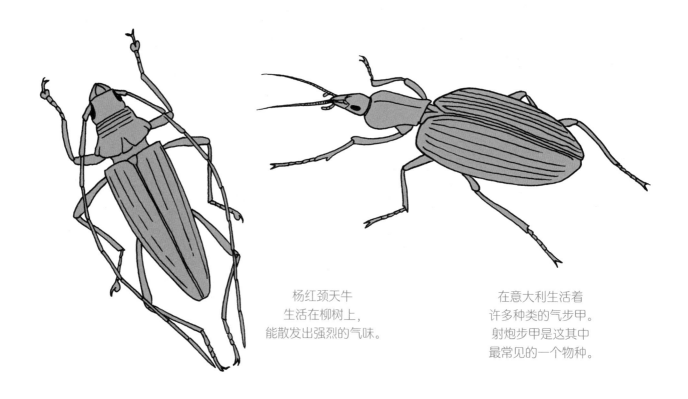

杨红颈天牛
生活在柳树上，
能散发出强烈的气味。

在意大利生活着
许多种类的气步甲。
射炮步甲是这其中
最常见的一个物种。

　　爆炸性武器　气步甲的化学武器杀伤力最大。受到威胁时，这些昆虫会从肛门喷射出由腹部腺体产生的两种液体。这两种液体一旦发生接触，就会产生化学反应并发出爆响，灼伤人的皮肤，或是对蜥蜴、青蛙等掠食者的口鼻等部位造成伤害。

肉眼可见的危险

- - - - - - - - - - - - - - - - - -

　　猜猜气步甲是什么颜色？它们也像许多危险的昆虫一样，具有警告掠食者的警戒色，通常呈现为黑黄相间或黑红相间。

- - - - - - - - - - - - - - - - - -

有毒武器　许多膜翅目昆虫（如蜜蜂、胡蜂、蚂蚁）的身体上有一根螯针，与产生毒液的腺体相连。这根螯针位于腹部末端，由产卵器进化而来。在进化过程中，这些昆虫的产卵器失去了产卵的功能，成了一种防御武器。这种转变首先发生在社会性动物身上，比如工蚁和工蜂就不具有繁殖的能力，而是承担保卫巢穴的任务。其他膜翅目昆虫，如沙漠胡蜂，它们既有产卵器，也有毒腺。它们用毒液麻痹猎物，将猎物的尸体藏匿起来，然后在上面产卵。当卵孵化时，它们的幼虫就有了食物。

许多蚂蚁也有螯针。有昆虫学家认为，子弹蚁的螯针是最让人痛苦的。此外，主要分布于澳大利亚的斗牛犬蚁，其螯针的毒性非常强，甚至可以致人死亡。

有些种类的蚂蚁会从腹部喷出含有甲酸的刺激性液体。

安全距离

- - - - - - - - - - - - - - - - -

有些人惧怕昆虫，但其实有毒的昆虫并不多。因此，没有必要对所有昆虫都感到恐惧！不过请记住，蜜蜂、胡蜂等昆虫的毒液会引发非常严重的过敏反应，最好远离它们的巢穴！

- - - - - - - - - - - - - - - - -

第九章

社会性昆虫

有组织的社群

　　昆虫的世界千奇百怪，丰富多彩。但最神奇的还是它们的社会性。白蚁、蜜蜂、胡蜂、蚂蚁都生活在一个等级分明的社群里，每个成员都有自己的分工。这些社群与人类社会十分相似。仔细想想，我们或许可以向它们学到很多东西呢。

白 蚁

各司其职　倘若你从地上捡起一根木头，上面有一个白蚁巢，你会发现里面的白色的小昆虫并非完全相同。有些个体很小，如工蚁和若虫；有些个体要强壮些，如兵蚁，它们都有巨大的棕色头部和有力的下颚。在白蚁巢中，兵蚁负责防御，其他工作交给工蚁去做。工蚁要负责寻找食物、照料蚁后、建筑蚁巢、喂养若虫和兵蚁、挖掘地下隧道，等等。

全新社群的诞生　白蚁是古老的昆虫，也是蟑螂的近亲。它们经历了不完全变态的发展过程，其若虫与成虫的外形十分相似。社群中最初一代的白蚁由那些长着黑色大翅膀的繁殖蚁（原始蚁王、蚁后）繁殖而来，每年白蚁巢中会繁殖出几百万只白蚁。有些白蚁个体会相互交配并建立起全新的社群，而它们也成了新社群的蚁王和蚁后。此后，它们的翅膀会消失，随后会挖掘一个新的巢穴，抚养出第一批若虫，等若虫长大之后就变成工蚁和兵蚁。除蚁王和蚁后外，社群中的雄性和雌性个体都是不育的，无法繁殖。成虫产生的激素调节着这个群体的社会性，这种化学物质会在个体之间传递并提供若虫发育所需的所有信息：如果没有兵蚁，若虫就会成长为全新的兵蚁；如果需要更多的工蚁，新的工蚁会应运而生。这样，社群中的每个类别都可以保持合适的数量。同样，一旦蚁王或蚁后去世，一些若虫将成为新的继承人。在某些白蚁种群中甚至还有储备的蚁后，随时准备取代蚁后的位置！

蚁后的生活

白蚁社群的原始蚁后大多有一个长达 8 厘米的巨大腹部，其寿命甚至可以达到 70 岁。在漫长的一生中，它会产下数百万个卵。它一生都会纹丝不动地趴在蚁巢里，有时独自一个，有时与蚁王在一起。虽然一动不动，但蚁后被数以百计的小工蚁包围着，这些工蚁负责照料和清洁蚁后，并将它生产的卵运送出去。每一年，蚁巢成员的数量都在不断增加！

一些非洲白蚁筑巢的
高度可达 10 米。
对于这种平均身长仅有 3 毫米
并且视力很差的昆虫来说，
这真是了不起的成就！

昆虫中的工程师 白蚁个头很小，视力极差，也没有螫针和结实的外骨骼，看似十分脆弱，但它们精妙的组织分工使得它们可以很好地在这个世界上生存。在世界上一些地区，白蚁甚至是非常强势的物种。

　　然而，一旦巢穴的温度和湿度发生变化，白蚁社群中的所有个体都可能在几小时内死亡。为了避免这种情况，白蚁建造了完美的地下白蚁丘，可以通过地下通道来调节巢穴的温度和湿度。此外，白蚁不能承受阳光的照射，如果要到很远的地方寻找食物，它们会用木头或泥土建造出有顶盖的隧道壕沟。

昆虫中的耕田者

- - - - - - - - - - - - - - - - - -

如果说人类开始从事农业生产是在1万年前的话，那么可以说有些昆虫早在5000万年前就开始进行农业生产了！在非洲和亚洲的某些地区，一些白蚁在巢穴中用木材和干草培育蘑菇。蘑菇在生长过程中产生热量，吸收水分，从而调节白蚁丘的温度和湿度。

- - - - - - - - - - - - - - - - - -

木白蚁　　　　　　　　散白蚁

蚁后　　　　工蚁　　　　兵蚁　　　　工蚁　　　　兵蚁

在意大利，白蚁分两种：木白蚁和散白蚁。
这两种白蚁十分相似，区别在于第一块胸节的形状。

与微生物协作 白蚁能食用木头是其与肠道中的微生物共同协作的结果。这些微生物能将木材的纤维素转化为可消化的物质。白蚁没有这些微生物的协助就无法生存，它们共同进化了数亿年。可以说，白蚁群实际上是由白蚁和微生物组成的，这些微生物虽然无法用肉眼看见，但非常重要。这是关于共生的一个古老又典型的例子。

蜜　蜂

1 个蜂巢，3 个阶级　蜂群由蜂王、工蜂（数以万计不育的雌性个体）和少数雄蜂（从未受精的卵中出生的个体）组成。雄蜂出生后，一些工蜂会在周围巡逻，寻找合适的新巢穴。一旦找到新巢穴，未来的蜂王会离开蜂巢，然后与新蜂巢的雄蜂交配以建立全新的社群。一些工蜂携带着蜂蜜跟随新的蜂王，而雄蜂在交配后会立即死亡。

甜蜜储藏　工蜂咀嚼花朵的花蜜和蜜露（一种由蚜虫产生的含糖液体），将之转化为蜂蜜，储存在温度和湿度适宜的蜂巢中。蜂蜜是整个社群的食物储备，可在没有鲜花的冬日里食用。可以说，蜂蜜是蜜蜂的主要营养来源。蜜蜂的社群会持续多年，当它们在蜂巢过冬的时候就需要用蜂蜜来维持生存。

珍贵的产出

变态发育之后，工蜂会在蜂巢中度过最初的几周，在此期间它们会产出非常珍贵的蜂蜡和蜂王浆。蜂蜡用于建造和扩大六边形的蜂巢，工蜂在蜂巢中饲养幼虫。幼虫在出生后的前两三天会被喂食蜂王浆。

当心蜜蜂和胡蜂蜇人！

蜜蜂

胡蜂

蜜蜂和胡蜂有什么区别呢？

（1）身体

　　蜜蜂全身毛茸茸的，从外表上看无法分辨其胸部和腹部之间的分区；胡蜂表面有光泽，其胸部与腹部之间有较细长的"腰"相连。胡蜂不像蜜蜂那样在花朵中采蜜，它们是掠食者，拥有大而锋利的下颚。它们以水果为食，也会被植物甜蜜的汁液吸引。

（2）社群

　　与其他社会性昆虫相比，胡蜂的社会化程度较低。蜜蜂的社群会持续多年，而胡蜂的社群相较之下持续时间却不长。事实上，除了幸存的胡蜂蜂王会在第二年春天建立一个全新的社群，其他胡蜂都会在寒冷的冬天中死去。这就解释了为什么胡蜂不制造蜂蜜，甚至不制造蜂蜡、蜂胶、蜂王浆，因为它们不需要食物来过冬！

（3）巢穴

　　与蜜蜂不同，群居的胡蜂不会制造蜡制的蜂巢，它们用唾液混合木头或泥土来建造巢穴。它们的巢穴通常位于户外，或隐藏在地面、岩石、烟囱、树干、阁楼等缝隙之中。胡蜂比蜜蜂更具攻击性，多分布在离我们人类的住宅很近的地方。离胡蜂巢太近或试图将其摧毁，都是极为危险的事情。在意大利，最常见的社会性胡蜂有柞蚕马蜂、普通黄胡蜂、德国黄胡蜂，以及欧洲最大的胡蜂——黄边胡蜂。

蜜蜂之舞　蜜蜂的通信系统十分复杂，是所有昆虫中最发达的。当工蜂发现哪个地方有花蜜，比如一棵开花的树，它们就会返回蜂巢，向同伴跳舞，分享这个发现。跳舞时，它们会通过翅膀舞出精确的动作告诉同伴蜂巢与树之间的确切距离，以及这棵树相对于太阳的方位！蜜蜂还可以通过跳舞警告同伴注意危险，或是发出清洁的请求。

天敌与寄生虫

蜜蜂有很多天敌，它们以蜜蜂的卵、幼虫、花蜜或蜂蜜为食，能进入蜂巢或直接捕食工蜂，比如大胡蜂。蜂巢中也生活着一些只需要一点食物和热量就能生存的寄生虫，包括蜂螨和蜂虱。

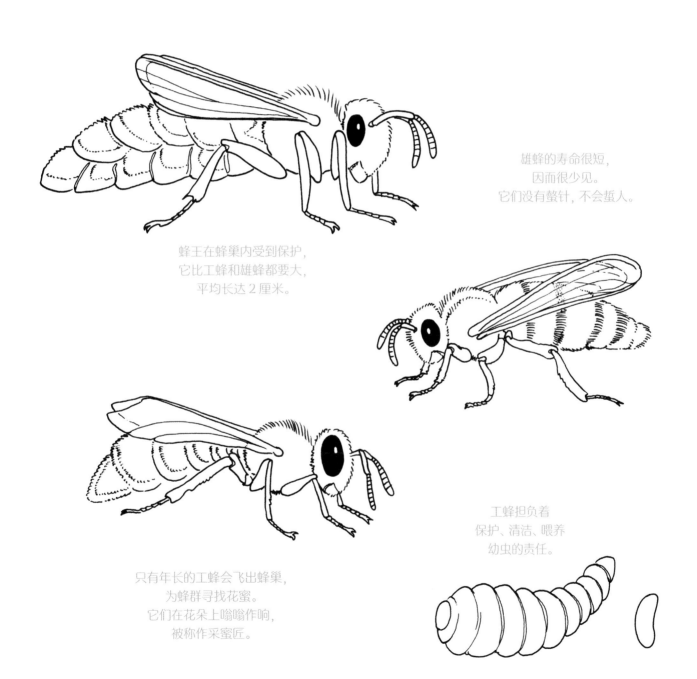

雄蜂的寿命很短，
因而很少见。
它们没有螫针，不会蜇人。

蜂王在蜂巢内受到保护，
它比工蜂和雄蜂都要大，
平均长达 2 厘米。

工蜂担负着
保护、清洁、喂养
幼虫的责任。

只有年长的工蜂会飞出蜂巢，
为蜂群寻找花蜜。
它们在花朵上嗡嗡作响，
被称作采蜜匠。

蚂 蚁

惊人的数量　蚂蚁是分布最广、数量最多的昆虫。现在已知的蚂蚁种类多达 12,000 种，仅在意大利就有大约 230 种！它们的进化水平已经达到了令人难以置信的程度，习性和行为也多种多样。有的会培育蘑菇，有的会捕捉其他蚂蚁个体并让它们像奴隶一样劳动，还有一些会用自己的身体建立一座桥梁，从而帮助同伴跨越溪流……

高度组织化的社会　与蜜蜂一样，蚂蚁是社会性的膜翅目昆虫。蚂蚁社群中为数众多的成员被划分为不同的阶级，蚁后是其中唯一能产卵的，周围簇拥着数以万计的工蚁和兵蚁，它们虽是雌性个体，却不能生育。工蚁负责寻找食物、照顾蚁后、清理蚁丘、照料幼虫。兵蚁比工蚁个头更大、更壮，它们还有强壮的下颚，可以将敌人咬死。有些兵蚁甚至具有有毒的螫针。兵蚁还拥有另一套防御武器——甲酸（也被称作蚁酸），一种刺激性物质，可以抵御掠食者的攻击。

蚂蚁学院

昆虫学家已经证明蚂蚁具有学习能力。在蚂蚁的社群中，总有一些蚂蚁充当"老师"这一角色，帮助那些经验不足的蚂蚁，教会它们如何寻找食物、保卫蚁丘。在行进中，如果有蚂蚁掉队，那些"老师"还会放慢脚步，等待它们。

蚁丘的入口处经常有哨兵把守，必要时它们会用小木块或石头将入口封闭。

蚁丘的每个房间都有特定的用途。有些房间用于存放蚂蚁卵，有些房间用于给幼虫居住。

有翅蚂蚁 有的蚁后能活 20 年，并且一直产卵。当幼虫化蛹时，工蚁负责将它们运送到蚁丘中最适合变态发育的地方。当需要生产雄蚁时，蚁后会产下未受精的卵，从而生出一代有翅雄性个体。此外，蚁后也会产下一批有翅的雌蚁。这些有翅的蚂蚁会离开原来的蚁丘。当它们在婚飞过程中完成交配任务之后，雄性个体会死亡，雌性个体的翅膀会脱落并在成功寻找到新家园后成为新的蚁后。

有气味的路径 蚂蚁会沿着有气味的路径移动，尽管我们无法看见这条路径。事实上，它们会通过触角来感知信息素，即蚂蚁用来相互交流的化学物质。当一只蚂蚁找到食物时，它会在地上留下一条路径，同伴可以循着这条路径找到食物。这就解释了为什么蚂蚁会一边走一边用触角触碰地面！

友好关系 许多蚂蚁会"饲养"蚜虫，它们的关系就好比农民和牲畜之间的关系。蚂蚁保护蚜虫免受瓢虫等掠食者的侵害，蚜虫则回馈给蚂蚁蜜露。蜜露是蚜虫消化植物汁液后分泌的含糖液体。

蚂蚁中的游牧者

蚂蚁在地下、石头下或树干中筑巢，很少在树上筑巢。但蚂蚁中也有不断迁移的物种，它们的整个社群会不断迁移，寻找全新的食物来源。

两只蚂蚁相遇时，会通过接触触角来交换重要信息。

准备好离巢的有翅蚂蚁。

第十章

益虫还是害虫？

>>>>X<<<

昆虫与人类

无论对人类有益还是有害，昆虫一直伴随着人类。早在 20 万年前，苍蝇、蟑螂、跳蚤、虱子就陪伴着人类了。它们跟随人类，从非洲迁徙到其他大洲。

益虫与害虫 事实上，我们人类厌恶的许多昆虫（如苍蝇和蟑螂）对生态系统来说是不可或缺的。它们食用废物、排泄物、动植物遗体并借助微生物实现降解，这有助于改善土壤质量。还有一些昆虫可以将种子传播出去，为水果作物的花朵授粉。比如，没有蜜蜂，就不会有苹果！另外，一些捕食性昆虫被用于农业领域，防治那些危害农作物的寄生虫。然而，昆虫对人类并不总是有利的。有些昆虫会叮咬我们的皮肤，吸食我们的血液，造成瘙痒、疼痛甚至传播疾病。比如，有些蚊子就会传播可怕的疟疾。还有一些昆虫会对庄稼造成危害，我们不得不与它们斗争，防止它们破坏农作物。

神虫

蜣螂在古埃及是一种神圣的动物。它们的幼虫以粪便为食，这样一来，苍蝇的幼虫便无法食用粪便。蜣螂的这种习性帮助人类控制了苍蝇的数量，大大降低了苍蝇污染食物并将疾病传播给家畜的概率。这也是蜣螂在古埃及备受人们喜爱的原因！

物种入侵

世界公民　1492 年 10 月 12 日，伟大的意大利航海家克里斯托弗·哥伦布发现了新大陆。他深信自己来到了印度，但其实到达的是西印度群岛中的伊斯帕尼奥拉岛（今海地岛）。新大陆的发现标志着中世纪结束，世界历史进入近代。从那天起，世界就大不一样了。欧洲人发现在海的对面还存在着其他大陆，而这些陆地上的居民也看到越来越多奇怪的人乘坐大型木船从海上到达他们这里。这些奇怪的人并非"只身前来"——他们还带来各种种子、孢子、昆虫、鱼类、细菌、病毒，等等。在某些情况下，一些物种，尤其是可食用的物种，是人们自愿进行传播的，而另一些物种则是在人们不知情的情况下被传播开来的。世界不同地区的动植物群体从此融合起来。随着交通工具的不断进步，这种大融合也不断加深。

失控的转移

昆虫成功的秘诀之一是它们的翅膀。翅膀能让它们飞往别处繁殖，并在全新的环境中定居。那么，为什么物种入侵似乎是最近几十年才出现的问题呢？这是由于全球化进程加快，贸易和人员流动性增加，外来物种被过快引入，使得生态系统无法适应。

"外来"昆虫　有些物种的起源环境与被引入的环境不同，但这些物种完全适应了被引入的环境，这些物种被称为外来物种。在某个环境下，一个物种的数量受到天敌、寄生虫、竞争者的控制。但是，一旦这个物种到了一个缺乏这些控制因素的环境，这个物种的繁殖会变得更快，进而对生态系统造成压力。例如，这个物种会吃掉当地其他一些物种，或是与更多相似物种进行竞争。当它们适应了这个环境，同时又没有新的天敌、寄生虫、竞争者，就会入侵并影响当地生态系统。比如，意大利的蜜蜂可以与当地的大胡蜂进行竞争，却无法与入侵的墨胸胡蜂对抗；同样，意大利也没有任何一种寄生虫可以控制入侵的红棕象甲的数量。因此，墨胸胡蜂和红棕象甲可以很容易地成为意大利的外来入侵物种。

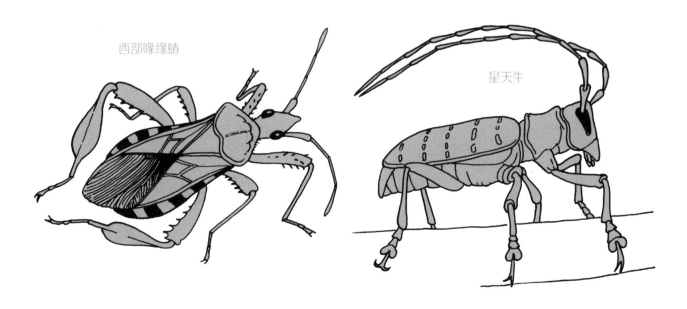

西部喙缘蝽

星天牛

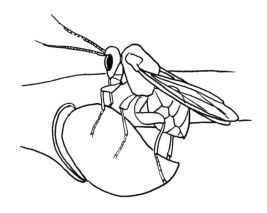

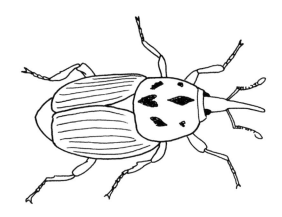

栗瘿蜂

产地：亚洲

进入意大利：20 世纪 70 年代

习性：雌性栗瘿蜂会破坏栗树的树枝和叶子，并产生名为虫瘿的生长物，而栗瘿蜂的幼虫就在虫瘿中发育。受攻击的栗树会干枯并且无法产出栗子，进而对种植业造成巨大影响。

防治：引入其寄生蜂——中华长尾小蜂。

红棕象甲

产地：亚洲

进入意大利：2004 年，通过从亚洲出口的棕榈植物进入意大利。现广泛分布于意大利的南部和中部，特别是沿海地区。

习性：红棕象甲的幼虫会食用棕榈树的茎部，尤其会对最常见的棕榈类植物加那利海枣造成危害，几年内就会致其死亡。红棕象甲的成虫之间会通过化学信号进行交流。

白纹伊蚊

产地：东南亚

进入意大利：20 世纪 80 年代随装载汽车轮胎的船只进入意大利。

习性：白纹伊蚊在小型水域中产卵。它们的卵既耐严寒，又耐干旱。白天，它们会四处叮咬动物，传播严重的疾病。

斑翅果蝇

产地：亚洲

进入意大利：2009 年

习性：雌性斑翅果蝇在果实中产卵，幼虫会食用果肉，对种植业造成影响。

防治：引入其寄生蜂——果蝇毛锤角细蜂。

异色瓢虫

产地：中国

进入意大利：2004 年引入，用于防治蚜虫。

习性：异色瓢虫以多种昆虫为食，与意大利本土的瓢虫是竞争关系，会对葡萄酒庄园造成极大的危害，因为秋天它们会聚集在葡萄串上，可能会混在葡萄中被一起压榨成汁，从而造成葡萄酒变质。冬天，它们也常常成群聚集在人类的家中。

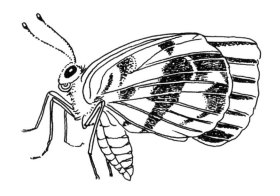

天竺葵灰蝶

产地：南非

进入意大利：1996 年通过进口的天竺葵幼苗进入意大利。

习性：天竺葵灰蝶的幼虫会从天竺葵内部食用天竺葵的茎，造成其枯萎死亡。天竺葵灰蝶对天竺葵贸易造成了极大的破坏。如今，它们广泛分布于城市中。天竺葵灰蝶以其体形较小、身体棕色以及跳跃飞行的特点而闻名。

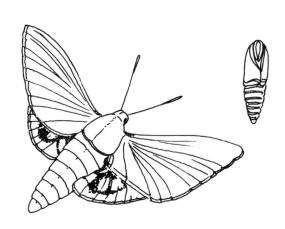

棕榈天蛾

产地：南美洲

进入意大利：2004 年随着植物贸易进入意大利。

习性：棕榈天蛾的幼虫会对许多种类的棕榈树造成危害，包括欧洲矮棕，这是欧洲唯一的本土棕榈植物。

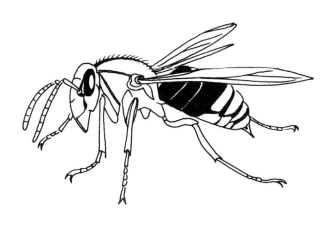

墨胸胡蜂

产地：亚洲

进入意大利：2012 年从法国进入意大利。

习性：墨胸胡蜂是一种与大胡蜂类似的蜂类掠食者，其特点是颜色较深。墨胸胡蜂会破坏蜂房并对蜜蜂的授粉活动构成威胁。

致命昆虫

对人类来说，最危险的动物是什么？是狮子、眼镜蛇，还是大白鲨？正确答案是：蚊子！这种微小的昆虫蕴藏着极大的危险，因为它们传播的疾病每年会影响极多人，这种情况在热带国家尤为普遍。蚊子能传播的疾病有很多种，最主要的就是疟疾。100 年前，疟疾在意大利的沼泽地区是一种十分常见的传染病。此外，蚊子能传播的疾病还有黄热病、登革热、丝虫病，等等。

13 世纪末期，黑死病侵袭欧洲，导致欧洲 1/3 的人死亡。黑死病就是由印鼠客蚤传播的。印鼠客蚤是身长约 2 毫米的寄生虫，以动物血液，尤其是以啮齿动物的血液为食。如今，印鼠客蚤仍旧是腺鼠疫、鼠型斑疹伤寒等疾病的主要传播媒介。

昆虫盟友

蝴蝶、飞蛾、甲虫、蝽、蚜虫会吃掉大量植物，包括一些我们人类专门种植以供食用的植物。对许多昆虫来说，果园和菜园是它们的完美餐厅。我们该如何抵御这支威胁水果和蔬菜的昆虫大军呢？当然，我们不能给果园和菜园喷满杀虫剂，那样会损害我们人类自身的健康和生存环境。我们可以借助其他种类的昆虫来控制害虫的数量，比如数百种捕食植物寄生虫的胡蜂和食蚜蝇。人类已学会利用这些朋友，饲养它们并将它们释放到田间，或是保持作物周围环境良好，为它们提供生存的条件。这就是所谓的"生物防治"，这种方式对我们人类和我们的星球都大有裨益。

瓢虫农场

瓢虫是蚜虫的可怕天敌。种植者在适当的时候培育瓢虫，并将它们释放出来，以便及时消灭大量蚜虫。人类还培育了其他一些昆虫，用于生物防治，比如蚁蛉，一种小型的绿色掠食性脉翅目昆虫，再比如一些能杀死松毛虫的寄生蜂等。饲养这些昆虫的地方被称为"生物工厂"。

人类未来的食物？

众所周知，现有的粮食储备不足以养活地球上所有的居民。更准确地说，有些食物"储备"已消耗得太多。比如肉类就被人类消耗得太多。为了满足需求，只能加大肉类生产，而这也引起了非常严重的环境问题。为了生产肉类，我们需要大量的草地来放牧，需要广阔的空间种植牧草和粮食来喂养动物。此外，农场的运营会污染水和土壤，释放温室气体。那么，如何才能在不破坏地球环境的情况下获得足量的肉类呢？这里或许有一种解决方案——培育可食用的昆虫物种！

蝗虫肉排　有些昆虫的肉质极佳，可以与牛肉或鱼肉相媲美，堪称营养丰富的完美食物！此外，与饲养猪和牛相比，昆虫养殖所消耗的水和饲料较少。

在世界上的许多地区，有 20 亿人食用蝗虫、蚂蚁、蟋蟀、天蛾的幼虫、甲虫的幼虫等昆虫。目前，总共有 1900 多种可食用的昆虫物种。当然，这个世界上还有更多可食用的昆虫物种，只是我们暂时还不知道。对我们来说，食用昆虫这一想法可能有点陌生，但这只是文化和习惯的问题。既然我们可以吃虾蟹，为什么不能吃昆虫呢？想象一下毛虫沙拉和蜻蜓沙拉，或是一盘毛虫酱意大利面……很特别，不是吗？

可持续蛋白质

用昆虫生产 1 千克的蛋白质，只需要 2 千克饲料，而用奶牛生产同样多的蛋白质，则需要 8 千克饲料。用昆虫生产蛋白质可以大大节省饲料的使用量！此外，昆虫只需要很少的水和空间就可以生存，甚至可以食用废料、污水并将它们转化为高质量的蛋白质。不仅如此，昆虫养殖场产生的温室气体比养猪场少 10 倍。这么看来，昆虫还可以拯救地球呢！

这是昆虫吗？

必需品：一个放大镜和足够的耐心！

　　每年 4 月到 6 月，草坪上和花园里到处是昆虫，但如何将它们与其他节肢动物区分开来呢？如果它有翅膀或是正在飞行（并非鸟类或蝙蝠），那么基本可以判定它是昆虫；如果它在地上爬行，或在花茎上攀爬，那么情况就变得复杂了，需要关注细节才能确定其是不是昆虫。

用放大镜耐心观察眼前的节肢动物，回答下列问题：

· 它是否有 6 条足？▶是的话，转到第 1 点（A,B,C）。

· 它是否有 6 条以上的足？▶是的话，转到第 2 点（A,B）。

· 它是否没有足？▶是的话，转到第 5 点（A,B,C）。

第 1 点

A. 有 1 对触角，可能有翅膀，也可能没翅膀。毫无疑问，这就是昆虫！

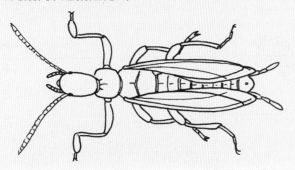

B. 没有触角，除了 6 条小小的足，腹部还有几对伪足。这是鳞翅目昆虫的幼虫或胡蜂的幼虫。

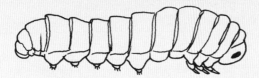

鳞翅目昆虫的幼虫

C. 体形很小，可以在地面或水面上移动。这可能是弹尾虫，可能是原尾虫，也可能足双尾虫。

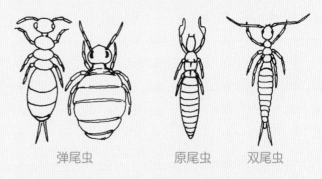

弹尾虫　　　　原尾虫　　　双尾虫

第 2 点

A. 它是否有 8 条足，却没有翅膀和触角？

▶是的话，转到第 3 点（A,B,C,D）

B. 它是否有 8 条以上的足和 1 对触角？

▶是的话，转到第 4 点（A,B,C）

第 3 点

A. 身体分为 2 部分，一条长长的尾巴上带着刺，头上有 2 只螃蟹一样的钳爪。这是一只蝎子，别碰它！

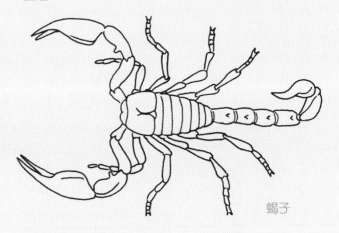

蝎子

B. 身体分为 2 部分，却没有尾巴或钳爪。这是蜘蛛。大多数蜘蛛是无害的，但是某些蜘蛛是有毒的，最好不要碰它们。

C. 身体没有分节，整体像一只蜘蛛。这是盲蛛。

D. 身体没有分节，体形非常小。这可能是红蜘蛛或蜱虫。

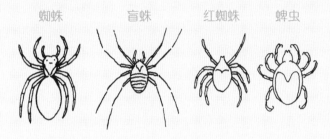

蜘蛛　　盲蛛　　红蜘蛛　　蜱虫

第 4 点

A. 有一个椭圆形的扁平身体。你发现了一种陆生甲壳类动物——鼠妇！如果受到惊扰，它们会将身体缩成一团。

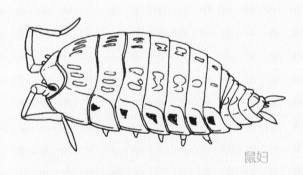

鼠妇

B. 它身体的大部分体节有 2 对足，动作缓慢。这是马陆。马陆是可以触摸的无害昆虫，只不过会有点臭。

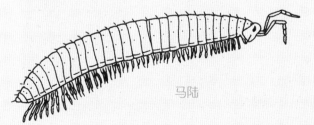

马陆

C. 每节都有 1 对长足，触角很长且动作迅速。这是蜈蚣。蜈蚣一般来说是有毒的。

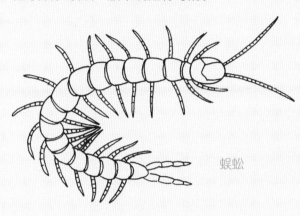

蜈蚣

第 5 点

A. 在地上移动，腹部末端有两只假眼。这是苍蝇的幼虫，或是大蚊的幼虫。

苍蝇的幼虫

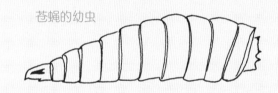

B. 如果你在叶子或花朵上发现它，这可能是一只等待猎物的食蚜蝇幼虫。

食蚜蝇幼虫

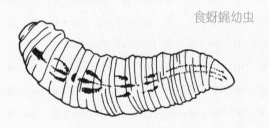

C. 也许它不是节肢动物，而是软体动物，比如蛞蝓；或是环节动物，比如蚯蚓。

蚯蚓

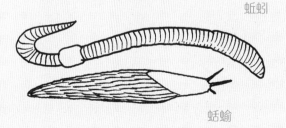

蛞蝓

捕捉昆虫

必备品： 小塑料瓶、厨房清洁海绵、小锄头、少许啤酒、小块生肉、剪刀

许多昆虫只有夜间才会出来活动，找到它们并不容易，但我们可以搭建简易的陷阱捕捉它们。可以在晚上布置陷阱，第二天早上起来查看。

· 取几个小塑料瓶，将瓶颈正下方水平切开。将海绵切成约 4 厘米长的小块，并用啤酒浸湿。在每个塑料瓶中放一块海绵和一块生肉。啤酒的量一定要刚好被海绵吸收，保证塑料瓶底部没有啤酒。

· 将瓶颈上方切割下来的部分倒扣在被切割后的瓶身之上。这样一来，一个捕捉昆虫的简易陷阱就搭好了。

· 用小锄头在地上挖几个洞，洞的深度可以使瓶子顶部与地面齐平或略低于地面。最好选择靠近树木或灌木的地方挖洞，那里通常空气潮湿，土壤松软，杂草较多，周围都是石头、灌木、落叶、枯木。最好每隔几米布置一个陷阱。记住要留下记号，否则你有可能找不到它们！

· 第二天早上去查看一下。陷阱很容易捕捉到蜘蛛、盲蛛、蛞蝓、马陆和许多种类的鞘翅目昆虫，如步甲、萤火虫、隐翅虫等，还有一些昆虫的幼虫。陷阱可以放置很多天，但请记住每天检查它们，并时不时添加一点啤酒。

如果下雨，请立即移除陷阱，因为昆虫有可能会淹死！

蜻蜓还是豆娘？

必备品： 一个双筒望远镜
观察时间： 春季和夏季

从暮春到整个夏天，成年的蜻蜓和豆娘会不断涌向池塘、湖泊、河流的岸边。蜻蜓和豆娘都属于蜻蜓目，但它们属于两个完全不同的亚目。蜻蜓隶属于差翅亚目，而豆娘隶属于束翅亚目。分辨它们需要耐心和观察技巧。此外，双筒望远镜也非常适合用于观察昆虫。

· 蜻蜓体形较大，飞行速度较快，静止时总是张开翅膀。

· 豆娘的体形较小，身形修长，飞行速度较慢，有翩翩起舞的感觉，静止时会收起翅膀。

· 我们可以距昆虫 3 至 4 米远，用双筒望远镜聚焦昆虫。

· 观察头部。蜻蜓有巨大的复眼，复眼几乎完全覆盖球形的头部（看起来像摩托车手的头盔），并且相连；豆娘有一个锤状的头部，复眼分布在头两边，互不接触。

· 再看看翅膀的区别。蜻蜓的后翅比前翅宽（差翅亚目昆虫的前翅与后翅的大小不同）；豆娘的前后翅膀一样大而且很薄（束翅亚目昆虫的翅膀很薄）。

池塘中的世界

必备品：一个白色的塑料盒、一个坚固的细网筛、一个放大镜
观察时间：春季

淡水水域中充满了勃勃的生机。从4月开始，池塘边和小河里就出现了各式各样的小动物，当然也出现了昆虫。

· 最好在5月或6月前往干净且水生植物茂盛的池塘边。

· 将塑料盒装满干净的水，放置在平坦的地方，最好放在阴凉处。

· 然后拿起网筛，缓慢地穿过水中的植物。注意不要碰到水底，否则水会混浊。

· 用网筛在水中来回移动10秒钟，然后将所有东西倒入塑料盒中并等待几分钟，此时不要触摸它们。你会发现用网筛捕获到的昆虫数量十分惊人。你也许不太能用语言将它们全部描述出来，但可以非常直观地感受到昆虫的多样性。

· 放大镜将有助于分辨形态不同的昆虫幼体：蜉蝣的稚虫腹部有鳃，尾须很长。蜻蜓的稚虫向前推进着运动。豆娘的稚虫腹部末端有3条叶状的鳃。在植物茎部和小石头下则隐藏着石蛾科昆虫的幼虫。小型水甲虫游得非常快，如果幸运的话，你会发现一只非常大的龙虱，或者它那有着巨大下颚的幼虫。你还可以在这里找到白色的划蝽、负子蝽、蚊子或蠓的幼虫、红色摇蚊，也许还有大型的蝎蝽。在这里，你不仅可以找到昆虫，还能看到水蚯蚓、蜗牛、水蛭、小鱼和蝌蚪，等等。观察完毕后，请将所有东西轻轻倒回水中。

捕捉蚜虫

必备品: 一个放大镜
观察时间: 5 月和 6 月

　　春天,你会很容易观察到蚂蚁在喂养并保护蚜虫,让其免受瓢虫等掠食者的侵害。不过首先,你要找到被蚜虫侵袭的植物,例如一株月季或一棵果树。

· 蚜虫集中在植物的枝条和芽上。使用放大镜,你可以轻松地观察到成年的雌性蚜虫,它们体形较大,有的有翅膀,有的没翅膀;你还能看到蚜虫的若虫,它们体形较小且没有翅膀。蚜虫都是通过孤雌生殖方式繁殖后代的。

· 蚜虫的周围总有来来往往的蚂蚁,它们沿着树干爬上来,沿着树枝和树叶跑来跑去。有的蚂蚁会轻轻触碰蚜虫,时不时地从蚜虫的腹部末端取下一滴蜜露,有的蚂蚁则在蚜虫周围保持警戒。

· 如果你发现瓢虫成虫或幼虫接近蚜虫进行捕猎,你将见证一场激烈的战斗!

· 还要注意观察在树干上成排前进的蚂蚁,它们的触角会相互触碰。这是它们在用化学信号进行交流,交换它们发现的食物和蚁丘的信息。

图书在版编目（CIP）数据

昆虫的秘密 / (意) 马尔科·迪·多梅尼科著；
(意) 劳拉·法内利绘；秦涯译. -- 杭州：浙江教育出
版社, 2023.9
　　ISBN 978-7-5722-6403-0

　　Ⅰ.①昆… Ⅱ.①马… ②劳… ③秦… Ⅲ.①昆虫—
少儿读物 Ⅳ.①Q96-49

中国国家版本馆CIP数据核字(2023)第154692号

本书中文简体版权归属于银杏树下（北京）图书有限责任公司

引进版图书合同登记号　浙江省版权局图字：11-2023-163

昆虫的秘密
KUNCHONG DE MIMI

［意］马尔科·迪·多梅尼科 著　［意］劳拉·法内利 绘
秦涯 译

选题策划：北京浪花朵朵文化传播有限公司　　　出版统筹：吴兴元
责任编辑：傅美贤　王晨儿　　　　　　　　　　特约编辑：秦宏伟
责任校对：姚 璐　　　　　　　　　　　　　　　学术顾问：张 羿
美术编辑：韩 波　　　　　　　　　　　　　　　责任印务：陈 沁
封面设计：墨白空间·王莹　黄海　　　　　　　　营销推广：ONEBOOK
出版发行：浙江教育出版社（杭州市天目山路40号　邮编：310013）
印刷装订：天津图文方嘉印刷有限公司
开本：889mm×1194mm 1/16　　　印张：7.75　　　字数：155 000
版次：2023年9月第1版　　　　　　印次：2023年9月第1次印刷
标准书号：ISBN 978-7-5722-6403-0
定价：85.00元

官方微博：@浪花朵朵童书
读者服务：reader@hinabook.com 188-1142-1266
投稿服务：onebook@hinabook.com 133-6631-2326
直销服务：buy@hinabook.com 133-6657-3072